辣媽 *Shania* 的

快速晨烤麵包

暢銷增章版

作者序

2018年出版的《辣媽的快速晨烤麵包》，一直到2023年的現在，竟然再版了，我真的感到非常開心！

萬分感謝廣大讀者們的支持，這本書對我而言意義重大，是一本曾經陪伴我挺過寫書低潮的著作。原本以為，這可能是自己最後一本書，卻沒想到因此而開啟了另一個階段的寫作生涯。

這本書出版之後，深受眾多讀者喜愛，大多人都説：「很喜歡一大早就能享受到現烤麵包。」、「這本書的麵包種類相當豐富，讓家裡的早餐多了各種變化。」我也曾經有好長一段時間，刻意把家裡的冷凍櫃空出來，就是為了要冷凍這些的麵糰。但後來因為愛上手撕餐包，就逐漸較少製作晨烤麵包。

最近因為再版的關係，必須研發新的食譜，讓我再度回味了當初每天做晨烤麵包的日子。再次體會每天晚上因為少了烘烤麵包這個步驟，就可以早早休息，但隔天仍然可以輕鬆地吃到熱騰騰、剛出爐的現烤麵包，難怪這本書會這麼受歡迎啊！這是多麼方便又實用的方法。打破了我曾以為麵包必須一氣呵成的觀念，充滿彈性的時間管理，讓準備早餐時更沒有壓力。

再次感謝這麼多人喜愛這本書，也感謝出版社的力挺，5年後再次出版，對我來說是莫大的肯定！

獻給所有辛苦準備早餐的爸爸媽媽們。

CONTENTS

餡料與抹醬

PART 1

少糖少油的
美味麵包

原味小餐包
036

培根起司餐包
038

台式香腸小餐包
040

黑胡椒火腿小餐包
042

CONTENTS

CONTENTS

CONTENTS

PART 3

簡易
法國麵包

PART 4

懷舊復古
好滋味

CONTENTS

CONTENTS

早晨現烤麵包，是這樣開始的……

很多朋友跟我説：

『麵包烤好之後，等到完全放涼，都已經半夜12點，甚至一、兩點了，體力早就耗盡，但為了家人早餐還是得忍耐……』
『麵包剛出爐好吃，但隔天早上就沒有那麼柔軟，到底要怎麼保存比較好？』

也有朋友建議，不然在麵包第一次發酵好、整形之後再放到冰箱冷藏，讓它在冰箱裡進行二次冷藏發酵，隔天直接烘烤，就能省去許多時間。事實上，我也實地試驗過，但由於每個人家裡冰箱冷藏的溫度不同，明顯會影響到二次發酵的程度，當然也影響了麵包的口感。再加早上起床後要處理的事不少，匆忙間，哪兒來的時間容許這些不確定呢？

於是發想出，要不要連二次發酵狀態都確定了，再把麵糰冷凍，這樣麵糰也不持續進行發酵，不會有過度發酵的問題。

只是冷凍之後，隔一天會不會需要花更多的時間來解凍呢？經實驗過後我發現這點倒是不用太擔心，只要把麵糰做小顆一點，就可以縮短烤焙的時間。即使不解凍，也可以直接放入烤箱。

唯一比較讓我擔心的是烤箱預熱的時間，於是便大概測試了一下，如果家裡使用的是水波爐，預熱時間大概只需5分鐘，部份

中小型烤箱則是10~15分鐘。而把麵糰從冷凍庫拿出來之後，多少也趁預熱過程爭取到一些解凍的時間。一般而言，媽媽們總是要比孩子早起床，所以烤箱預熱＋烘烤時間大約20多分鐘的時間中，剛好把孩子叫醒，烘烤期間也無需一直盯著烤箱看，便能利用此段時間做其他家事與瑣事了。

剛出爐的小餐包放在置涼架上，很快就能降溫到微熱，這正是麵包最可口的時候，請務必試看看，是連我自己都無法抗拒的美味啊！

話說，自從我開始做早晨現烤麵包之後，孩子也因為這樣胃口變得更好了，優點還真是不勝枚舉呢！

☑ 前一天不需要等麵包烤好，可以提前休息、睡覺和滑手機。

☑ 隔一天無需刻意早起，麵糰也不用退冰，只需要送進烤箱烘烤，就能吃到熱騰騰的現烤麵包。

☑ 一次不想吃這麼多，只要在保存期限內，都可以分不同天烤完。

☑ 若臨時就是想吃一、兩個麵包，隨時都可以從冷凍庫拿出來烤，想吃多少就烤多少，真的超級方便。

☑ 宴客聚餐時更是方便，可以前一天把事先準備好麵糰冷凍起來，客人來了之後，再從從容容地一批批烘烤，就能誠意十足地端出新鮮現烤的麵包了！

使用工具

本書所使用到的
工具

麵包機

麵包機的款式相當多樣，功能也不盡相同，在本書裡，會使用到麵包機來製作麵包麵糰，只要確定麵包機裡面有【麵包麵糰】、【快速麵包麵糰】或【揉麵糰】功能即可。

網架

剛出爐的麵包必須放涼，架子的底部必須呈現網狀，才不會讓麵包底部因為熱氣無法散出而受潮。

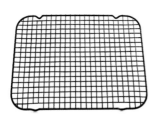

攪拌器

除了麵包機外，本書所有的麵包都可以使用攪拌器來攪拌麵糰，畢竟攪拌麵糰十分費力，好的攪拌器可以幫我們省時又省力。

手粉罐

製作麵包時，需要適量的手粉才不會容易沾黏。可事先將麵粉裝在手粉罐裡面，需要手粉時，只需要輕輕倒出，操作方便。

烘焙紙

事先鋪在烤盤上，待麵包整形之後可以放到烘焙紙上面，以防麵糰沾黏。也可以直接用來包裝麵包，讓麵包看起來更有自然手作的氛圍。

噴水器

一般雜貨店都可以購買到。在製作麵包的過程中，若發現麵糰偏乾，可以噴適量的水讓麵糰恢復濕潤。

麵包割線刀

可在麵包表面劃出紋路的麵包割線刀。如果是製作歐式麵包，必須使用專用的麵包割線刀。但若製作非歐式的麵包款式，也可使用乾淨的美工刀來操作。

電子秤

為了精準做出好麵包，電子秤是必備的工具。

麵包刀

麵包刀有特殊的鋸齒狀，才能切割出漂亮的麵包。

隔熱手套

可安全取出剛出爐的麵包，必備用品。

刮刀

打麵糰或是製作菠蘿皮時，可以用來清除沾黏在麵包盆旁的麵粉等材料。

刮板

做為分割各種麵糰，整形時候使用。

擀麵棍

選擇使用塑膠製的擀麵棍，比較沒有因保存不當導致發霉的問題。

計時器

烘焙必須要精準地掌握時間，計時器是非常重要的輔助工具。

使用材料

以下簡單介紹製作晨烤麵包時，
會使用到的基本材料

麵粉

•• 高筋麵粉

本書的麵包大多使用高筋麵粉，筋性足夠，才能做出有嚼勁的麵包。每種高筋麵粉的吸水量或多或少都有些差異，吸水量較少的約 60% 左右（麵粉的 60% 重量 ＝ 水量），吸水量高的介於 65~70% 左右。

例如 250g 的麵粉 65% 吸水量，水分則需要 162.5g 左右。所以在使用不同牌子的麵粉時，需依實際操作狀況稍微調整，操作時建議不妨先放 160g，然後慢慢開始往上加。

•• 中筋麵粉

中筋麵粉多用來製作中式的麵點，如饅頭、烙餅及水餃等等。筋性介於高筋與低筋麵粉中間。

•• 低筋麵粉

低筋麵粉的筋性最低。在本書裡，低筋麵粉有兩個用途，一個是添加在麵包裡面，讓麵包口感更加柔軟；另一個是用來製作菠蘿皮，讓剛烤完的成品顯得酥脆，隔天會變成稍微鬆軟的口感。

•• 法國麵包粉

使用於製作法國麵包的專用粉。

鹽巴

用來抑制麵糰過度發酵，也可以提味，並增加麵糰彈性。

速發酵母

本書使用一般速發酵母。速發酵母使用起來非常的方便，使用量少，也可以迅速地溶於水中並進行發酵。有些乾燥酵母必須先與水混合均勻才能使用，但速發酵母並沒有這樣的問題。

雞蛋

雞蛋可以用來取代部分的水分，是天然的乳化劑，可讓麵包體更加柔軟。用在菠蘿皮上，則可以讓皮具有蛋香味，口感也比較鬆酥。

油脂

•• 液態油
市面上常見的橄欖油、玄米油、葵花油或沙拉油都可以拿來使用。

•• 奶油
本書所使用的奶油為發酵無鹽奶油。使用前，請先自冰箱取出，放置於室溫軟化。

糖類

•• 砂糖
一般土司，建議使用細砂糖來製作。

•• 糖粉
質地與顆粒較一般砂糖更細緻，是用來製作榛果巧克力醬以及菠蘿皮時使用的。

鮮奶
一般市售鮮奶即可。

鮮奶油
本書所使用的是動物性鮮奶油。

奶粉
用於增添風味，讓烤色更美。一般市售的成人奶粉，於烘焙材料行可以買到小包裝來使用。

奶油乳酪
（Cream cheese）
奶油乳酪常被用來製作起司蛋糕。本書中是拿來做為麵包的內餡或是放在麵糰裡面取代奶油使用。

水
夏天建議使用冰水，冬天則使用常溫水即可。

耐烤巧克力豆
在烘焙材料行購買，通常放在冷藏區。烘烤之後若稍微融化，屬於正常現象，不用擔心。

抹茶粉
請使用烘焙專用的無糖抹茶粉（如森半的無糖抹茶粉），一般沖泡用的綠茶粉因為不耐高溫，烘烤之後，顏色會變，就沒那麼好看。

可可粉
食譜裡面所使用的可可粉皆為無糖可可粉。可可粉有顏色深淺之分，風味也會略有不同，挑選個人喜歡的品牌即可。

晨烤麵包
流程

為了讓媽媽們能快速完成麵包，我建議如下分段來進行晨烤麵包的製作：

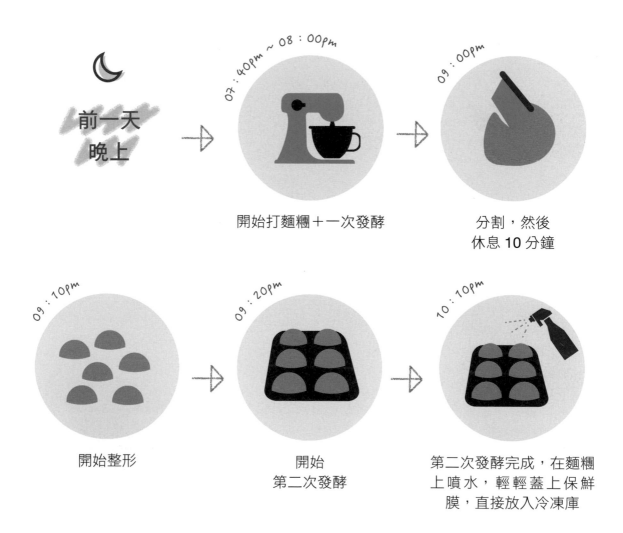

前一天
晚上

07：40pm ~ 08：00pm

開始打麵糰＋一次發酵

09：00pm

分割，然後
休息 10 分鐘

09：10pm

開始整形

09：20pm

開始
第二次發酵

10：10pm

第二次發酵完成，在麵糰
上噴水，輕輕蓋上保鮮
膜，直接放入冷凍庫

第二天
早上

06：30am
預熱烤箱，並從冷凍庫取
出麵糰，將麵糰一一放置
在烤盤上

06：40am
烤箱預熱完成，
開始烘烤

07：00am
烘烤完成！

現烤麵包
真的是太好吃了！

免二次發酵 &
快速二次發酵

下方特別列出特別省時配方，供大家做選擇：

 免二次發酵食譜

可以在 9：20 分完成

一口蒜香

P.046

一口帕瑪森

P.048

一口奶油砂糖

P.050

義式番茄麵包棒

P.060

奶香麵包棒

P.074

原味烙餅

P.156

地瓜烙餅

P.158

千層蔥大餅

P.162

快速二次發酵食譜

可以在 9：50 分完成

迷你蒜片佛卡夏

P.052

洋蔥蘑菇佛卡夏
P.054

軟香起司條

P.071

香軟蘋果麵包

P.082

迷你香爆蔥燒餅

P.164

麵糰的製作方式

麵包機操作

本書使用最多的麵包機功能為【麵包麵糰】，包含揉麵＋一次發酵，總共為時 60 分鐘。使用胖鍋麵包機請選擇【快速麵包麵糰】模式。

操作方法

將材料依下列順序：水→砂糖→酵母→麵粉→鹽巴→奶油，放入麵包機，啟動【麵包麵糰】模式即可。

這樣做麵包更好吃

1. 如果方便的話，建議奶油在揉麵後約 3 分鐘再放入，麵糰狀態會更好。
2. 如果有時間的話，在【麵包麵糰】行程結束之後，按【取消】鍵，讓麵糰繼續放在麵包機裡面 15~20 分鐘，一次發酵的時間更足夠，麵包也會更好吃！

少數食譜（如歐式麵包）會用到以下功能

一般麵包機可選擇【烏龍麵糰】，胖鍋則選擇【揉麵糰】，時間約 15~20 分鐘。

攪拌器操作

由於本書食譜的份量對攪拌器來說偏少，建議一次使用兩倍的材料來製作（如書中食譜寫高筋麵粉 200g，若以攪拌器製作，請改用 400g 來製作，其他材料都 x 2 倍，其餘步驟則都一樣）。

操作方法

1 冰水→砂糖→一半麵粉→酵母 →剩餘麵粉→鹽巴放入鋼盆 ❶❷。

2 使用勾狀的攪拌棒 ❸，轉慢速，讓所有材料都混合均勻，約 3 分鐘即成團 ❹。如果鋼盆中有殘留的粉，記得用刮刀刮乾淨，再進行下一步。

3 轉中速攪打 2 分鐘 ❺，之後放入油脂 ❻，再轉至慢速打 2 分鐘，最後再轉中速攪打 5~7 分鐘（每一台機器不同，重點是要打出薄膜）❼。

4 將麵糰放回盆中 ❽，用保鮮膜覆蓋，並放到烤箱中，烤箱內需維持約 28 度℃左右的溫度，發酵 60 分鐘。

5 手上沾些許手粉從中間鑽一個洞，若沒有發生回縮現象，即代表一次發酵完成，之後再照著食譜步驟進行分割與整形即可。

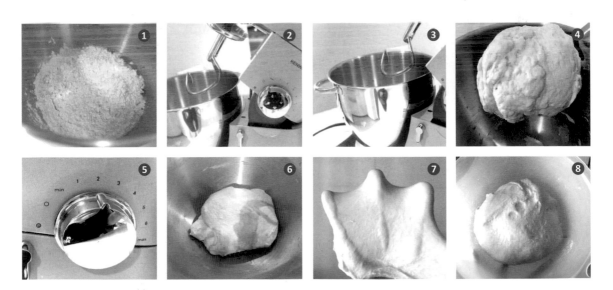

手揉麵糰

1 水→砂糖→酵母→麵粉→鹽巴放入鋼盆中 ❶，用木匙攪拌到稍微成團 ❷❸，將麵糰移動到桌面上。

2 如圖所示，將麵糰一前一後分開 ❹，再用刮板輔助捲起來 ❺，重複幾次到麵糰稍微不黏手。

3 包入奶油 ❻❼，重複剛剛的動作 ❽，直到麵糰不黏手為止。

4 改以雙手一起揉麵 ❾，一前一後 ❿，揉麵過程需持續約 7~10 分鐘，直到麵糰呈現如圖片般的光滑為止 ⓫。在揉麵糰過程中，如果發現麵糰稍微偏乾，記得慢慢加入少量水分，好讓麵糰保持光滑。

5 將麵糰放回鋼盆，用保鮮膜覆蓋起來，並放到烤箱中，烤箱內維持約 30℃ 左右的溫度，發酵 60 分鐘。

6 手沾些許手粉從中間鑽一個洞，若沒有回縮現象發生，代表一次發酵完成 ⓬，之後就照著食譜步驟分割、整形即可。

TIPS

歐式麵包章節的麵糰，由於麵糰含水量較高，用手揉的話，難度會增加很多。

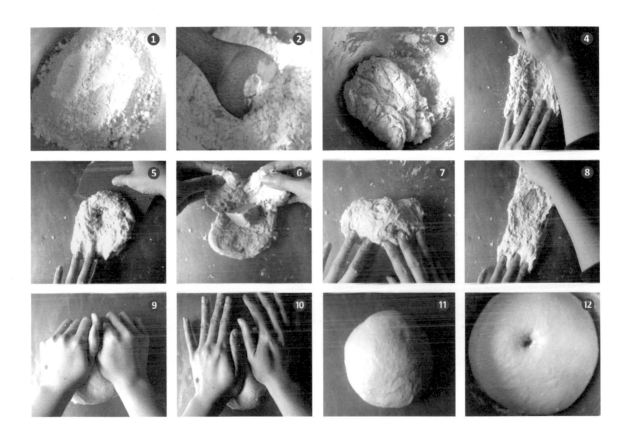

常見問題
Q&A

Q. 冷凍庫放不下麵糰時，怎麼辦？

A. 若冷凍庫放不下麵糰（空間不足以容納整個烤盤），可以在整形之後，將麵糰放到較小的烤盤上（約方便放入冷凍庫的大小）。發酵好之後，暫時將部分冷凍庫的食物先移至冷藏，空出空間給麵糰。麵糰大約冷凍 30~60 分鐘就會變硬了，便可以取出裝到夾鏈袋中再放入冷凍櫃以節省空間，之後再將食物移回冷凍庫。

Q. 如何保存冷凍麵糰？

A. 二次發酵完成之後，輕輕地蓋上保鮮膜入冰箱，約 1 小時候後待麵糰變硬，就可以改裝入夾鏈袋裡面，以便節省冰箱寶貴的空間（圖 ❶）。

記得若超過 24 小時沒烤，就一定要先放在夾鏈袋中。因為保鮮膜只能大致覆蓋，冰久了，麵糰一樣會變乾。變乾的麵糰會嚴重影響麵包的品質喔！

Q. 為什麼常看到書上寫「冷凍後請盡量於 3 天內烘烤」？

A. 因為冷凍之後，酵母會不耐低溫漸漸死亡。如果冷凍太久，酵母數量在大大銳減之後，烘烤過的麵包膨脹度有限，吃起來就不那麼蓬鬆。體積有點厚度的麵糰我建議於 3 天內烤完，如果是比較扁平的麵包，則建議 5 天內要烘烤完。

3~5 天都是偏向保守的預估，如果大家不在意麵糰烘烤完的體積，也可以多放幾天再烘烤。

Q. 冷凍時，麵糰為什麼消風了？

A. 麵糰冷凍後會稍微萎縮是正常的喔（圖 ❷），烘烤之後會再度膨回來（圖 ❸）。 如果烘烤之後沒有膨回來，有可能是蓋上保鮮膜時太過用力，不小心把麵糰壓扁了，或是放入冷凍庫時，不小心壓到麵糰了。

Q. 請問，想直接吃的話，是否可不冷凍，直接進下一步驟──烤？

A. 可以。但烘烤時間可能要略縮短一些。縮短的時間，則視每台烤箱烤溫而定，需要自行斟酌喔。直接烘烤的溫度，比冷凍麵糰設定的溫度低 10℃。

Q. 請問，麵糰是否可以改放冷藏，不放冷凍？

A. 個人不建議，但大家可以試試看。因為各家冰箱冷藏室的溫度不同，麵糰發酵狀況也會有所不同，後續狀況，要麻煩自己掌握，不確定性會比較高。

Q. 若晨烤麵包不夠吃，想做食譜的兩倍份量，比例需如何調整？

A. 請將食譜中所有食材量增加成兩倍。如果您想做三倍份量的麵包，則將所有食材同等量增加三倍。

Q. 請問，冷凍庫是指雪櫃還是冰格？

A. 台灣所稱的冷凍庫，就是英文的 Freezer，香港朋友可參考英文。

Q. 請問，是否可以 **XX** 取代水，黑糖取代砂糖……？

A. 書中食譜都是辣媽自己試過的配方，大家若想替換配方裡面的食材，可以自己試看看。但之後的麵包狀況，麻煩要自己掌握，辣媽就不提供更換食材的諮詢了。

Q. 所有麵包都可以適用晨烤麵包的模式來製作嗎？

A. 不一定。像是體積較大的麵糰，如吐司，就不適合用這樣的方式製作。

Q. 麵包如果要割紋路的話，哪時候割最好呢？（圖 ❹）

A.

左手邊：冷凍後進烤箱前，再割線，很好割。
中間：二次發酵好之後割線，麵包很軟，要特別小心。
右手邊：整形完之後就先割線，很好割，但需留意別一不小心割太深。

Q. 遇到麵糰很濕黏的狀況，該怎麼辦？

A. 請另外增加一些高筋麵粉，直到不黏為止。或者下次打麵糰時，先減少水分，若麵糰偏乾，再慢慢加入適量的水。

大家的
晨烤麵包

石軒（金融業）

以前準備家裡的早餐，不是前一天買好麵包、就是一大早至早餐店報到。現在有了冷凍麵糰，只要在前一天煮飯前把料投進麵包機，煮完飯整形二發，吃完飯就可以放進冷凍了。隔天一早，更是趁漱洗的時間就能完成烘烤，實在太方便了。每天看我們大啖麵包，同事跟兒子的老師更是紛紛表示羨慕！

帕瑪森軟法與整形失敗的哈斯。

烤不完的只要放入塑膠袋，就可以節省冷凍空間了。

晨烤草莓乳酪軟法，又美又香。

第二次發酵完成後噴上水，封好保鮮膜放進冷凍庫，隔天早上吃多少烤多少，剩下的我會用夾鏈袋裝起來保存。

王意如（全職媽媽）

早上能在家中用餐是件幸福的事，而能輕鬆做到這一點，絕對是在認識辣媽以後。早晨起床後，只要預熱好烤箱，把麵包放入烤箱烘烤，便無需理會，可以煮咖啡、煎蛋，再花點心思擺盤，用餐的氣氛愉快而自然。一大早就能吃到這些可愛又好吃的麵包，全家人也更有精神與元氣了！

照著辣媽清楚又簡單的麵包機使用方法和整形技巧，連我這個剛接觸烘培的新手，都能做出好吃又美味的麵包，只能說真的是太厲害了！

便便包、懶人版鹽可頌、迷你巧克力哈斯、帕瑪森軟法等晨烤麵包大集合。

後發完成後，在麵糰上噴些水，輕蓋上保鮮膜，就可以送入冷凍庫保存。

吳敏萍（會計）

在看到辣媽無私分享了晨烤麵包的食譜後，我才發現原來早餐準備起來真的沒那麼費時，而且還有那麼多花樣可以變化，不用每天都吃白吐司夾蛋，這對身為職業婦女的我來說，實在是件很棒的事。我們全家人都非常喜歡辣媽分享的晨烤麵包口味，超級期待這本新書。

廖素玉（電腦繪圖）

自己是個很懶的人，一次在收音機聽到辣媽分享出書的心路歷程後認識了她，並加入辣媽的 FB 粉絲團。但說真的，期間因為覺得麻煩，我對辣媽的食譜並沒什麼興趣嘗試，直到辣媽分享了早晨現烤麵包，才生出第一次想嘗試的動力，原因就是只要花少少的時間，早上就能吃到現烤的麵包。

沒想到試一次就成功了，而且吃過的人都說好吃，小朋友也超愛的。到目前為止，試了 5 種以上辣媽的晨烤麵包都一次成功。她是我覺得最不藏私的麵包達人，照著辣媽的食譜就沒踩過地雷。感謝辣媽無私的分享，造福了我，讓我這個懶人也很有成就感。

我家的美味晨烤迷你哈斯。

蓋上保鮮膜後，直接放入冷凍庫冰。

帕瑪森軟法。

將二次發酵完成的麵糰噴點水，連同烤盤包上保鮮膜，置入冷凍庫。因為家中冷凍庫剛好有隔層，便成為冷凍麵糰的專屬貴賓室，完全不用擔心麵糰被壓壞，十分方便。

林倩雯（全職媽媽）

早餐是讓人充滿能量的來源。身為全職媽媽的我，貪心地既想在悠閒的週末時光中，慵懶地睡到自然醒，又想讓家人品嚐到如同餐廳般的早午餐饗宴。

因為辣媽的親力親為，貼心地研發出許多晨烤麵包食譜，才達成我這小小的心願。由於長輩與小孩喜好的麵包口味不同，晨烤麵包可以幫忙快速出爐多種口味的麵包，一次滿足全家人的胃。晨烤麵包，對我來說，真的是如獲至寶啊！

陳淑娟（服務業）

平時早餐總是急急忙忙地解決，真來不及就跟中餐一起吃，長期下來，飲食習慣真的不太 OK。因為工作的關係，我把耐心（性）幾乎都給了客人，最期待的是在放假時摸摸麵糰（真的很療癒）。自發現辣媽的「晨烤麵包」，從此下班後還能利用時間做我喜歡的事。

另一個動力則是弟弟不喜歡外食，因為有了晨烤麵包，我們很常一塊兒坐在廚房邊吃邊聊，拉近了家人彼此的距離。每次看見我在廚房，他總會問：「妳要做什麼呢？」麵粉沒有了，也會主動幫我補貨 ❤。

迷你蒜味佛卡夏。

做好的麵包，我會使用有蓋的餐盒扣住放入冷凍。可避免掉落、擠壓的風險，還能避免麵包出現冰箱內的味道。

餡料與抹醬

大蒜奶油醬

無鹽奶油..80g（要先軟化）
蒜泥..12g
鹽巴...2g

1　把所有材料放在塑膠袋裡，搓揉均勻之後，再塑形成扁平長方形即可。

巧克力甘納許

鮮奶油...80g
苦甜巧克力...80g

1　鮮奶油加熱到約 80℃，倒入巧克力，關火，攪拌均勻即可。

> **TIPS**
> 沒用完，請放入冰箱冷藏保存。

草莓奶油乳酪

奶油乳酪...100g
草莓果醬...50g
砂糖...15g

1　將奶油乳酪放置室溫至軟化。
2　拌入草莓果醬和砂糖，再攪拌均勻即可。

> **TIPS**
> 在此使用的草莓果醬請選擇稍微流動一點的（不要太濃稠），做出來的內餡雖然因流動性比較難包，但爆漿效果會更好喔！

榛果巧克力醬

生榛果 ❶ 130g
可可粉..15g
糖粉...60g
玄米油..10g
鹽巴..少許

1　榛果放入烤箱，以 120℃烘烤約 12~15 分鐘，等表面
　　略微出油，散發出香氣即可。
2　將所有材料放入攪拌器，打到柔順光滑為止，即完成。

> **TIPS**
>
> • 轉速越高，馬達越有力的攪拌器，打出來的榛果巧克力
> 醬口感也會越滑順。
> • 由於每批榛果的油脂含量不一定，不妨添加些玄米油
> （或其他味道淡的油）來調整滑順度。

奶油地瓜餡

蒸熟地瓜.. 250g
砂糖.. 25g
奶油..25g

1　地瓜洗乾淨不去皮，切塊蒸熟之後 ❶，趁熱放入麵包機。
2　放入砂糖和奶油，啟動【麵包麵糰】模式，只需 3~5
　　分鐘，待地瓜餡綿密之後就可停止。

> **TIPS**
>
> 也可以直接使用食物攪拌器直接攪拌完成。

草莓果醬

冷凍（或新鮮）草莓 100g
砂糖 50g

1　將草莓放入果汁機打成泥。
2　之後與砂糖一起放入鍋中 ，一邊煮，一邊攪拌 ，
　　直到刮刀攪拌時，看得到鍋底部分的果醬變得較為濃
　　稠為止 。
3　裝到玻璃容器中，放涼之後，就可以放入冰箱保存。

> **TIPS**
>
> 草莓果醬很適合用來搭配原味餐包、珍珠糖餐包等口味較
> 原味的麵包，非常好吃。

香濃蘋果餡

蘋果切小片 300g
砂糖 25g
奶油 25g
檸檬汁 .... 適量（可省略）

1　蘋果去皮去籽，切成小片備用。
2　取一平底鍋，放入砂糖、奶油和蘋果，炒到蘋果變軟。
3　淋上適量的檸檬汁，放涼備用。

> **TIPS**
>
> 蘋果軟硬度可視個人喜好自行調整。

PART
1

少糖少油的
美味麵包

冷凍麵糰建議
3天內要烤完喔！

原味小餐包

剛開始做麵包，就從最簡單、基本的開始吧！原味餐包屬於百搭款，搭配任何甜醬、鹹醬或者是夾上任何餡料，都非常美味好吃。

材料（8個／45g）

麵糰

高筋麵粉	200g
冰水	130g
砂糖	15g
酵母	2g
鹽巴	2g
奶油	15g

作法

1　放入所有麵糰材料，麵包機啟動【麵包麵糰】模式（包含揉麵＋一次發酵 60 分鐘）。

　　🥖 如果是使用攪拌器，此份量對多數攪拌器來說都算少，建議做兩倍的份量會比較好打。

　　攪拌器的使用方式為投入除了奶油之外的其他麵糰材料，設定慢速 3 分鐘，轉中速 2 分鐘，之後放入奶油，再設定慢速 2 分鐘，中速 5~7 分鐘（每一台機器不同，重點是要打出薄膜），然後放到室溫 28℃ 處發酵 60 分鐘。

2　取出麵糰，分割成 8 等份，排氣滾圓 ❶。

3　放置於溫度 35℃ 左右處，發酵 50~60 分鐘。

4　發酵好之後 ❷，噴水蓋上保鮮膜，直接放入冷凍庫 ❸。

5　隔天早上起來→烤箱預熱 200℃→將麵糰取出來放在烤盤上 ❹（室溫中回溫），去掉保鮮膜，待烤箱溫度到了，馬上就可以烤。

6　預熱完成後，放入烤箱烘烤 12~13 分鐘，待麵包上色之後即可取出，出爐後可以依照個人喜好，搭配抹醬一起吃吧！

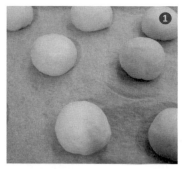

冷凍麵糰建議
3天內要烤完喔！

培根起司餐包

簡單的小餐包，配上培根及起司這兩款百搭食材，並選用了低脂培根，吃起來不膩口，但美味度同樣不容置疑，絕對是老少皆愛！

材料（10個／37g）

麵糰

高筋麵粉	200g	酵母	2g
冰水	130g	鹽巴	3g
砂糖	20g	橄欖油	15g

配料

低脂培根..2~3 片（剪成條狀）
起司絲..............................適量（披薩用乳酪／起司）

裝飾

巴西里葉（乾燥西洋菜葉）..適量
＊一般市售即可。

作法

1　放入所有麵糰材料，麵包機啟動【麵包麵糰】模式（包含揉麵＋一次發酵 60 分鐘）。

🥖 如果是使用攪拌器，此份量對多數攪拌器來說都算少，建議做兩倍的份量會比較好打。
攪拌器的使用方式為投入所有麵糰材料，設定慢速 3 分鐘，中速 5~7 分鐘（每一台機器不同，重點是要打出薄膜），然後放到室溫 28℃ 處發酵 60 分鐘。

2　取出麵糰，分割成 10 等份，排氣滾圓 ❶，靜置 10 分鐘。

3　拍平之後翻過來，先放上起司，再放上培根 ❷，包起來，並在收口處黏好 ❸ ❹。

4　放置於溫度 35℃ 左右處，❺ 發酵 50~60 分鐘。

5　發酵好之後 ❻，用剪刀剪出十字 ❼，噴水蓋上保鮮膜，直接放入冷凍庫。

6　隔天早上起來→烤箱預熱 200℃→將麵糰取出來放在烤盤上 ❽（室溫中回溫），待烤箱溫度到了，馬上就可以烤。

7　預熱完成後，放入烤箱烘烤 13~14 分鐘，待麵包上色之後即可取出，出爐後撒上巴西里葉就完成囉！

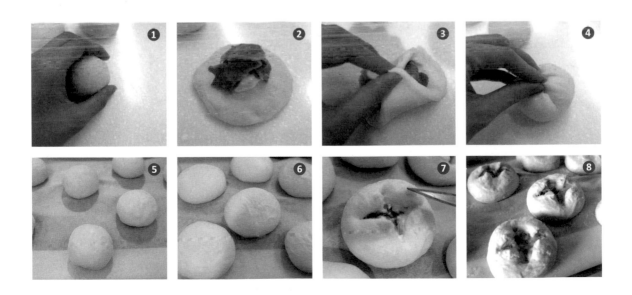

冷凍麵糰建議
3 天內要烤完喔！

台式香腸小餐包

除了常見的熱狗外，其實把台式香
腸夾入麵包中，也會給人不一樣的
驚喜感。這次選用的是台式小香
腸，做好以後小小的一個，也很適
合做為宴客小點。

材料（8 個／ 45g）

麵糰

高筋麵粉	200g
冰水	130g
砂糖	15g
酵母	2g
鹽巴	2g
橄欖油	15g

配料

迷你台式香腸	8 條
切片蒜苗	適量

作法

1　放入所有麵糰材料，麵包機啟動【麵包麵糰】模式（包含揉麵＋一次發酵 60 分鐘）。

　　🥖 如果是使用攪拌器，此份量對多數攪拌器來說都算少，建議做兩倍的份量會比較好打。
　　攪拌器的使用方式為投入所有麵糰材料，設定慢速 3 分鐘，中速 5~7 分鐘（每一台機器
　　不同，重點是要打出薄膜），然後放到室溫 28℃處發酵 60 分鐘。

2　取出麵糰，分割成 8 等份，排氣滾圓 ❶，用麵包整形刀在上面劃一刀 ❷。

3　放置於溫度 35℃左右處 ❸ 發酵 50~60 分鐘。

4　發酵好之後 ❹，噴水蓋上保鮮膜，直接放入冷凍庫 ❺。

5　隔天早上起來→烤箱預熱 200℃→將麵糰取出來室溫放在烤盤上（室溫即可），去掉保
　　鮮膜，待烤箱溫度到了，馬上就可以放進去烤了。

6　在麵包切口處，塗上一層薄薄的油 ❻，放上已經劃兩刀的生台式香腸 ❼，一起入烤箱 ❽。

7　預熱完成，放入烤箱烘烤 13~14 分鐘，待麵包上色之後就完成囉，之後可以依照個人喜
　　好搭配蒜苗一起吃。

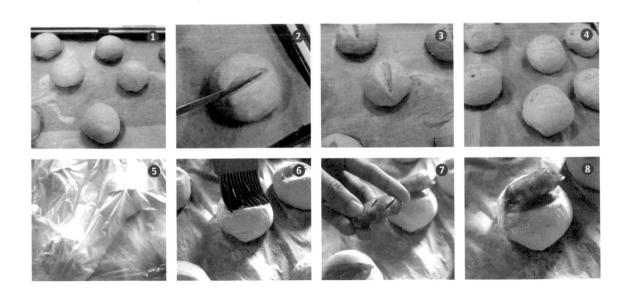

冷凍麵糰建議
3 天內要烤完喔！

黑胡椒火腿小餐包

就像培根和起司是絕配一樣，黑胡椒
和火腿同樣也是製作麵包時的經典款
式。喜歡味道重點的就多點黑胡椒，
要給孩子吃的，就少撒一些，剛出爐
時，咬下邊邊的地方會有酥酥脆脆感，
是我個人很喜歡這款麵包的原因之一
喔！

材料（12 個／30g）

麵糰

高筋麵粉	200g
冰水	130g
砂糖	15g
酵母	2g
鹽巴	2g
橄欖油	15g

配料

火腿片	3 片（斜角切兩刀，一片切成四片）
黑胡椒粒	適量

作法

1　放入所有麵糰材料，麵包機啟動【麵包麵糰】模式（包含揉麵＋一次發酵 60 分鐘）。

　🍞 如果是使用攪拌器，此份量對多數攪拌器來說都算少，建議做兩倍的份量會比較好打。
　　攪拌器的使用方式為投入所有麵糰材料，設定慢速 3 分鐘，轉中速 5~7 分鐘（每一台機器不同，重點是要打出薄膜），然後放到室溫 28℃ 處發酵 60 分鐘。

2　取出麵糰，排氣滾圓，靜置 10 分鐘 ❶。

3　將麵糰擀成直徑 30 公分圓形之後 ❷ 翻過來，切割成 12 等份 ❸。

4　放上一片火腿 ❹，撒上黑胡椒之後，在尖角處切出兩道切口 ❺。

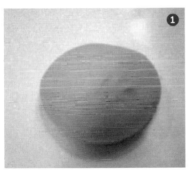
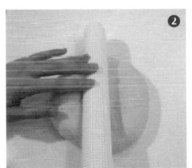

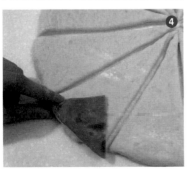

TIPS

在步驟 5 劃出切口後，也可以在切口處塗上一點點油，避免切口黏起來。

5　捲起來 ❻，收口黏緊 ❼。

6　放置於溫度 35℃左右處 ❽，發酵 60 分鐘。

7　發酵好之後 ❾，噴水蓋上保鮮膜，直接放入冷凍庫。

8　隔天早上起來→烤箱預熱 210℃→將麵糰取出來放在烤盤上 ❿（室溫中回溫），待烤箱溫度
　到了，去掉保鮮膜，馬上就可以烤。

9　預熱完成後，以 210℃烘烤 13 分鐘待麵包上色之後，就完成囉！

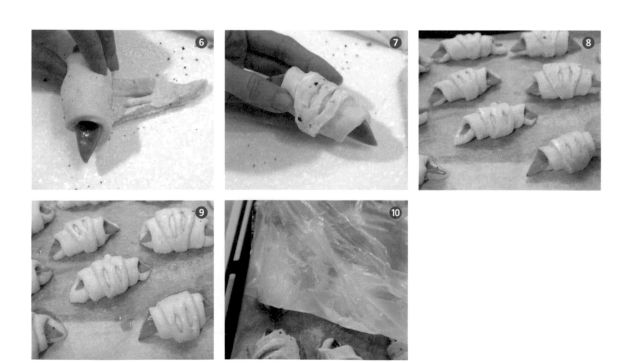

烘烤後，可塗上適量橄欖油以增添香氣。

冷凍麵糰建議
5天內要烤完喔！

一口蒜香

這道辣媽晨烤麵包的「始祖」，起源自某天的異想天開，靈機一動想著是否可以將麵包變成一小塊一小塊的，然後像鹹酥雞一樣均勻調味。於是便把麵糰凍到很硬，再放在塑膠袋裡面跟調味料搖一搖混合均勻，這道美味可口的小點心便誕生了。

材料

麵糰
高筋麵粉	200g
水	130g
橄欖油	15g
砂糖	15g
鹽巴	2g
酵母	2g

配料
大蒜泥	8g
橄欖油	10g
鹽巴	約 1~2g

作法

1　放入所有麵糰材料，麵包機啟動【麵包麵糰】模式（包含揉麵＋一次發酵 60 分鐘）。

　　🥖 如果是使用攪拌器，此份量對多數攪拌器來説都算少，建議做兩倍的份量會比較好打。

　　攪拌器的使用方式為投入所有麵糰材料，設定慢速 3 分鐘，轉中速 5~7 分鐘（每一台機器不同，重點是要打出薄膜），然後放到室溫 28℃處發酵 60 分鐘。

2　取出麵糰，簡單排氣之後滾圓 ❶，靜置 10 分鐘。

3　將麵糰擀成 25x30 公分的長方形，放到烘焙紙上，用刮板切成方塊狀 ❷。

4　切割好之後，靜置約 10~20 分鐘（沒有時間也可省略直接入冷凍），蓋上保鮮膜 ❸，放入冷凍庫。

5　隔天早上起來→烤箱預熱 220℃→將麵糰取出來，將小塊麵糰放入塑膠袋。

6　將大蒜泥、橄欖油與鹽巴一同裝入塑膠袋中 ❹，綁緊後開始搖晃到材料都混合均勻。

7　麵糰放上烤盤，待烤箱預熱完成之後，烤約 13~15 分鐘，直到上色即可出爐。

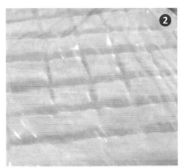

冷凍麵糰建議
5天內要烤完喔！

一口帕瑪森

帕瑪森起司除了是做蛋糕、煮義大
利麵時的萬用幫手外，香濃的起司
味，用來烘烤麵包，鹹香順口，也
非常好吃！

材料

麵糰

高筋麵粉	200g
水	130g
橄欖油	10g
砂糖	15g
鹽巴	2g
酵母	2g

配料

橄欖油	20g
帕瑪森起司粉	20~30g

作法

1 放入所有麵糰材料，麵包機啟動【麵包麵糰】模式（包含揉麵＋一次發酵 60 分鐘）。

　🥖 如果是使用攪拌器，此份量對多數攪拌器來說都算少，建議做兩倍的份量會比較好打。
　　攪拌器的使用方式為投入所有麵糰材料，設定慢速 3 分鐘，轉中速 5~7 分鐘（每一台機器不同，重點是要打出薄膜），然後放到室溫 28℃ 處發酵 60 分鐘。

2 將麵糰取出，簡單排氣之後滾圓 ❶，靜置 10 分鐘。

3 擀成 25x30 公分的長方形，放到烘焙紙上，刮板切成方塊狀 ❷。

4 切割好之後，靜置約 10~20 分鐘之後（沒有時間也可省略直接入冷凍），蓋上保鮮膜後 ❸，放入冷凍庫。

5 隔天早上起來→烤箱預熱 220℃→將麵糰取出來，將小塊麵糰放入塑膠袋 ❹。

6 將橄欖油與起司粉一同放入塑膠袋中 ❺，綁緊後開始搖晃到材料都混合均勻 ❻。

7 將小塊麵糰放上烤盤 ❼，烤箱預熱完成之後，放入烤箱烘烤約 13~15 分鐘，直到上色即可出爐。

TIPS 帕瑪森起司粉份量的多寡，可依照個人口味自行調整。

冷凍麵糰建議
5天內要烤完喔！

一口奶油砂糖

除了鹹的口味外，一口麵包也很適合做成甜口的。加上奶油和砂糖，剛出爐時，入口酥脆又甜甜的，保證孩子們會非常喜歡，一口接一口停不下來喔！

麵糰

高筋麵粉	200g
水	130g
奶油	15g
砂糖	15g
鹽巴	2g
酵母	2g

配料

融化奶油	20g
砂糖	15g

作法

1 放入所有麵糰材料，麵包機啟動【麵包麵糰】模式（包含揉麵＋一次發酵 60 分鐘）。

> 🥖 如果是使用攪拌器，此份量對多數攪拌器來說都算少，建議做兩倍的份量會比較好打。
> 攪拌器的使用方式為投入除了奶油之外的其他麵糰材料，設定慢速 3 分鐘，轉中速 2 分鐘，
> 之後放入奶油，再設定慢速 2 分鐘，快速 5~7 分鐘（每一台機器不同，重點是要打出薄
> 膜），然後放到室溫 28℃ 處發酵 60 分鐘。

2 將麵糰取出，簡單排氣之後滾圓 ❶，靜置 10 分鐘。

3 將麵糰擀成 25x30 公分的長方形，放到烘焙紙上，以刮板切成方塊狀 ❷。

4 切割好之後，靜置約 10~20 分鐘之後（若沒有時間，也可省略直接放入冷凍），蓋上保鮮膜 ❸，放入冷凍庫。

5 隔天早上起來→烤箱預熱 220℃→將麵糰取出來，將小塊麵糰放入塑膠袋中。

6 將融化奶油跟砂糖一同放入塑膠袋中 ❹，綁緊後開始搖晃到材料都混合均勻。

7 把麵糰放上烤盤 ❺，烤箱預熱完成之後，放入烤箱烘烤約 13~15 分鐘，直到上色即可出爐。

TIPS

要注意奶油砂糖比起蒜香還容易上色，放入烤箱烘烤的時間，大家可依照自己喜歡的烤色及家中烤箱狀況進行調整。

冷凍麵糰建議
3天內要烤完喔！

迷你蒜片佛卡夏

現烤佛卡夏真的超超超好吃的，製作起來又很簡單。每次出爐，辣媽自己總能秒殺掉大半塊，尤其是酥脆又帶點兒嚼勁的邊緣處，更是心頭大愛。搭配上烤到酥脆的蒜片，真的超棒！

材料（5個／73g）

麵糰

高筋麵粉	200g
冰水	130g
砂糖	15g
酵母	2g
鹽巴	2g
橄欖油	15g

調料

橄欖油	適量
鹽巴	適量
蒜片	適量（約3瓣蒜頭）
巴西里葉（乾燥西洋菜葉）	適量（一般市售即可）

作法

1　放入所有麵糰材料，麵包機啟動【麵包麵糰】模式（包含揉麵＋一次發酵 60 分鐘）。

　　🥖 如果是使用攪拌器，此份量對多數攪拌器來說都算少，建議做兩倍的份量會比較好打。攪拌器的使用方式為放入所有麵糰材料，設定慢速 3~4 分鐘，中速 5~7 分鐘（每一台機器不同，重點是要打出薄膜），然後放到室溫 28℃ 處發酵 60 分鐘。

2　取出麵糰，分割成 5 等份，排氣滾圓，靜置 10 分鐘。

3　擀成圓形之後放到烤盤上 ❶，塗上一層橄欖油 ❷，用筷子戳出幾個洞 ❸。

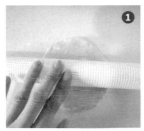  

4　放置於溫度 35℃ 左右處，發酵 30 分鐘 ❹。

5　發酵好之後，噴水蓋上保鮮膜，直接放入冷凍庫。

6　隔天早上起來→烤箱預熱 220℃→將麵糰取出來放在烤盤上（室溫中回溫），待烤箱溫度到了，馬上就可以烤。

7　於麵糰塗上一層橄欖油，放上蒜片 ❺❻，放入烤箱。

8　預熱完成後，烘烤 13~14 分鐘，待麵包上色之後即可取出，出爐後撒上鹽巴及巴西里葉就完成囉！

冷凍麵糰建議
3天內要烤完喔！

材料

麵糰

高筋麵粉	200g	酵母	2g
番茄丁	65g	鹽巴	2g
冰水	65g	橄欖油	10g
砂糖	12g		

洋蔥蘑菇佛卡夏

佛卡夏是麵包中算是很容易上手的
品項，最棒的是無需在意整形。淡
淡的番茄香氣，適合用來搭配各類
食材，就像是在製作小披薩般地充
滿混搭樂趣。

投料

義式香料 .... 1~2 茶匙

（視個人喜好，可用市售義式香料或羅勒、巴西里）

配料

蘑菇切片	2~3 顆	乳酪絲	適量
小番茄切片	3 顆	洋蔥絲	少許

作法

1　放入所有麵糰材料，麵包機啟動【麵包麵糰】模式，設定投料，時間到投入香料（包含揉麵＋一次發酵 60 分鐘）。

　　🥖 如果是使用攪拌器，此份量對多數攪拌器來說都算少，建議做兩倍的份量會比較好打。
　　攪拌器的使用方式為放入所有麵糰材料後，設定慢速 3~4 分鐘，中速 5~7 分鐘（每一台機器不同，但重點要打出薄膜），投入香料，再設定慢速 2 分鐘，然後放到室溫 28℃ 處發酵 60 分鐘。

2　取出麵糰，分割成 5 等份，排氣滾圓，靜置 10 分鐘 ❶。

3　擀成圓形之後 ❷，放到烤盤上 ❸，塗上一層橄欖油 ❹，用筷子戳出幾個洞 ❺。

4　放置於溫度 35℃ 左右的環境，發酵 30 分鐘。

5　發酵好之後 ❻，噴水蓋上保鮮膜，直接放入冷凍庫。

6　隔天早上起來→烤箱預熱 220℃→將麵糰取出來放在烤盤上（室溫中回溫）。待烤箱溫度到了，馬上就可以放進去烤。

7　麵糰塗上一層橄欖油，放上切片蘑菇、洋蔥絲、番茄和乳酪絲，入烤箱。預熱完成後，烘烤 13~14 分鐘，待麵包上色即可，出爐後撒上鹽巴和巴西里葉就完成囉！

冷凍麵糰建議
3天內要烤完喔！

懶人版鹽可頌

近幾年吹起了一股鹽可頌的風潮，這外表看似不起眼的麵包，卻有著令人驚豔的內涵與層次感。我也喜歡稱其為海鹽奶油麵包捲，外皮酥脆內裏軟Q，滿是奶油與鹽的香氣，越嚼越香，無怪乎會成為各麵包店的必備款。

材料（12個／30g）

麵糰

高筋麵粉	200g	酵母	2g
冰水	130g	鹽巴	2g
砂糖	15g	奶油	15g

餡料

有鹽奶油 .... 36g（3gx12）
＊奶油切成約 5 公分的長條狀。

裝飾

鹽之花（或海鹽）.. 適量

作法

1　放入所有麵糰材料，麵包機啟動【麵包麵糰】模式（包含揉麵＋一次發酵60分鐘）。

🥖 如果是使用攪拌器，此份量對多數攪拌器來說都算少，建議做兩倍的份量會比較好打。
攪拌器的使用方式為投入所有麵糰材料，設定慢速3分鐘，轉中速5~7分鐘（每一台機器不同，重點是要打出薄膜），然後放到室溫28℃處發酵60分鐘。

2　取出麵糰，排氣滾圓，靜置10分鐘 ❶（趁此時將有鹽奶油切成條狀，放回冷凍庫備用）。

3　將麵糰擀成直徑30公分圓形之後翻過來，切割成12等份 ❷❸。

4　放上奶油之後 ❹ 捲起來 ❺，收口黏緊 ❻。

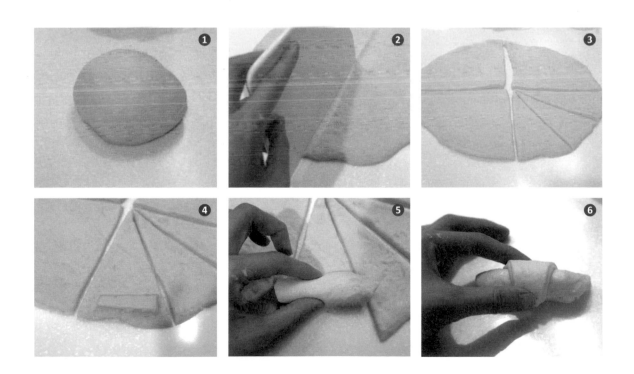

5 放置於溫度 35℃左右處 **7** 發酵 60 分鐘。

6 發酵好之後 **8**，噴水蓋上保鮮膜 **9**，直接放入冷凍庫。

7 隔天早上起來→烤箱預熱 210℃→將麵糰取出來放在烤盤上 **10**（室溫中回溫），待烤箱溫度
　到了，馬上就可以烤。

8 麵糰撒上適量鹽之花（或海鹽）**11**。

9 預熱 210℃完成後，放入烤箱烘烤 13 分鐘，待麵包上色之後就完成囉！

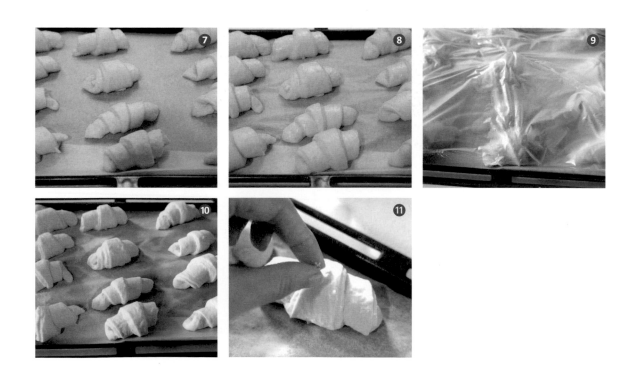

除了造型外，跟可頌做法沒有太大關係的
美味鹽奶油麵包捲。

義式麵糰建議
5天內要烤完喔！

義式番茄麵包棒

這是一款無需二次發酵的麵包，製作起來既快速又好吃。長條形的棒狀，方便拿取，一口咬下，口感香脆，加入了番茄，風味更佳。

麵糰

高筋麵粉	200g
番茄丁（圖 ❶）	65g
冰水	65g
砂糖	12g
酵母	2g
鹽巴	2g
橄欖油	10g

投料

義式香料	1~2 茶匙

（視個人喜好，可用市售義式香料或迷迭香、巴西里）

作法

1　放入所有麵糰材料，麵包機啟動【麵包麵糰】模式，設定投料，時間到投入香料（包含揉麵＋一次發酵 60 分鐘）。

> 如果是使用攪拌器，此份量對多數攪拌器來說都算少，建議做兩倍的份量會比較好打。攪拌器的使用方式為放入所有麵糰材料，設定慢速 3~4 分鐘，中速 5~7 分鐘（每一台機器不同，重點是要打出薄膜），投入香料，慢速 2 分鐘，然後放到室溫 28℃ 處發酵 60 分鐘。

2　取出麵糰，排氣滾圓，靜置 10 分鐘 ❷。

3　將麵糰擀成 25x35 公分的長方形 ❸❹，用刮板切成長條狀 ❺❻。

4　不需要發酵，噴水蓋上保鮮膜 ❼，直接放入冷凍庫。

5　隔天早上起來→烤箱預熱 220℃→將麵糰取出來放在烤盤上（室溫中回溫），待烤箱溫度到了，馬上就可以烤。

6　預熱完成後，去掉保鮮膜，放入烤箱烘烤 12~13 分鐘，待麵包上色之後即完成。

冷凍麵糰建議
5天內要烤完喔！

烏龍茶豆乳麵包棒

這款是麵包棒的升級版，以烏龍茶特有的茶香配上豆乳，意外的完美融合。我很喜歡茶香清新的香氣在口中散開，越嚼越香的感覺。除了當早餐外，也很適合搭配下午茶喔。

材料

茶香豆乳

豆漿	100g
烏龍茶粉	5g

麵糰

高筋麵粉	200g	酵母	2g
茶香豆乳	全部	鹽巴	2g
水	30g	奶油	12g
砂糖	20g		

作法

1　豆漿加熱到即將沸騰，加入烏龍茶粉，攪拌均勻，待茶香釋出，放涼之後備用。

2　放入所有麵糰材料，麵包機啟動【麵包麵糰】模式（包含揉麵＋一次發酵 60 分鐘）。

　　🥖 如果是使用攪拌器，此份量對多數攪拌器來說都算少，建議做兩倍的份量會比較好打。攪拌器的使用方式為：除了奶油以外，放入所有麵糰材料，設定慢速 3 分鐘，中速 2 分鐘，投入奶油設定慢速 2 分鐘，中速 5~7 分鐘（每一台機器不同，重點是要打出薄膜），然後放到室溫 28℃ 處發酵 60 分鐘。

3　取出麵糰，排氣滾圓，靜置 10 分鐘 ❶。

4　將麵糰擀成 25*30 公分的長方形 ❷，用刮板切成 12 個長條狀 ❸，稍微扭轉幾圈 ❹。

5　放到已經鋪好烘焙紙的烤盤上，置於溫度 35℃ 左右處，發酵 20-30 分鐘（或不發酵也可以），噴水蓋上保鮮膜 ❺，直接放入冷凍庫。

6　隔天早上起來→烤箱預熱 220℃→將麵糰取出來放在烤盤上（室溫中回溫），去掉保鮮膜，待烤箱溫度到了，馬上就可以烤。

7　麵糰表面塗上適量豆漿 ❻，預熱完成後，烘烤 13 分鐘即完成。

冷凍麵糰建議
3天內要烤完喔！

九層塔起司麵包

大家都知道羅勒的香氣與起司特別搭配，如果將羅勒換成土生土長的台灣九層塔呢？清新淡雅的橄欖油加上九層塔，再撒上起司於麵包上，一樣是超完美搭檔。製作成小餐包大小，無論是做為早餐或點心都非常合適。

材料（8個／45g）

麵糰

高筋麵粉	200g	酵母	2g
冰水	130g	鹽巴	2g
砂糖	15g	橄欖油	15g

投料

九層塔 15g
※ 九層塔洗淨之後，擦乾後再切成小片 ❶。

配料

乳酪絲 .... 適量

作法

1　放入所有麵糰材料，麵包機啟動【麵包麵糰】模式，設定投料，時間到了投入九層塔（包含揉麵＋一次發酵 60 分鐘）。

> 🥖 如果是使用攪拌器，此份量對多數攪拌器來説都算少，建議做兩倍的份量會比較好打。攪拌器的使用方式為投入所有的麵糰材料，設定慢速 3 分鐘，轉中速 5 分鐘（每一台機器不同，重點是要打出薄膜）。最後放入九層塔，設定慢速約 2 分鐘，然後放到室溫 28℃ 處發酵 60 分鐘。

2　取出麵糰 ②，分割成 8 等份。排氣滾圓，靜置 10 分鐘 ③。

3　成橢圓形之後 ④，翻過來捲起來 ⑤，收口黏緊 ⑥。

4　放置於溫度 35℃ 處發酵 60 分鐘 ⑦。發酵好之後 ，噴水蓋上保鮮膜，直接放入冷凍庫。

5　隔天早上起來→烤箱預熱 200℃→將麵糰取出來放在烤盤上（室溫中回溫），待烤箱溫度到了，馬上就可以烤。

6　麵糰上撒上適量乳酪絲，預熱完成後，以 200℃ 烘烤 13~14 分鐘，待麵包上色之後就完成囉！

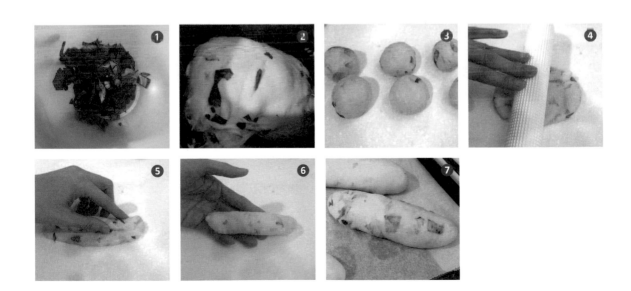

冷凍麵糰建議
3天內要烤完喔！

軟 Q 肉鬆米麵包

這款麵包的特色就是口感十分特別，咬下去柔軟中又有點 Q 勁，帶點麻糬的感覺。其實最大的訣竅是在裡面加入了用煮熟米飯打成的自製米漿，所以味道比起一般麵包也更為細緻優雅喔！

材料（12 個／ 42g）

麵糰

高筋麵粉	220g
自製米漿 ❶	245g
砂糖	18g
酵母	2.5g
鹽巴	2.5g
橄欖油	18g

配料

美乃滋	適量
肉鬆	適量

作法

1 放入所有麵糰材料，麵包機啟動【麵包麵糰】模式（包含揉麵＋一次發酵 60 分鐘）。

　🥖 如果是使用攪拌器，此份量對多數攪拌器來說都算少，建議做兩倍的份量會比較好打。攪拌器的使用方式為投入所有的麵糰材料，設定慢速 3 分鐘，中速 4~6 分鐘（每一台機器不同，重點是要打出薄膜），然後放到室溫 28℃ 處發酵 60 分鐘。

2 取出麵糰，分割成 12 等份 ❷，排氣滾圓。因為麵糰比較黏手，請用對摺方式滾圓。

3 放置於溫度 35℃ 左右處，發酵 50 分鐘 ❸。

4 發酵好之後噴水，蓋上保鮮膜，直接放入冷凍庫。

5 隔天早上起來→烤箱預熱 200℃→將麵糰取出來放在烤盤上（室溫中回溫）❹，去掉保鮮膜，待烤箱溫度到了，馬上就可以烤。

6 預熱完成後，放入烤箱烘烤 12~13 分鐘，待麵包上色之後即完成。

7 麵包稍微涼了之後，塗上一層美乃滋 ❺，沾上適量肉鬆，稍微用手壓一下固定 ❻❼，就可以端上桌囉！

自製米漿

• 水 140g
• 白米飯 120g
（一般剩飯就好）

水＋米，放入果汁機攪打成漿 ❶。

冷凍麵糰建議
3天內要烤完喔！

大蒜麵包

每次出爐，味道總是香到不行的大
蒜麵包，實在非常誘人。自己動手
做的大蒜奶油醬，厚厚地抹上一層，
烤到金黃香酥，是讓人無法抵擋的
美味。

材料（10 個／ 37g）

麵糰

高筋麵粉	200g	酵母	2g
冰水	130g	鹽巴	3g
砂糖	20g	奶油	20g

配料

大蒜奶油醬（請參考 P.031）.............一份約 90g

裝飾

巴西里葉（乾燥西洋菜葉）..............................適量
（一般市售）

作法

1 放入所有麵糰材料，麵包機啟動【麵包麵糰】模式（包含揉麵＋一次發酵 60 分鐘）。

　🍞 如果是使用攪拌器，此份量對多數攪拌器來說都算少，建議做兩倍的份量會比較好打。攪拌器的使用方式為投入除了奶油之外的其他麵糰材料，設定慢速 3 分鐘，轉中速 2 分鐘，之後放入奶油，再設定慢速 2 分鐘，中速 5~7 分鐘（每一台機器不同，重點是要打出薄膜），然後放到室溫 28℃ 處發酵 60 分鐘。

2 取出麵糰，分割成 10 等份，排氣滾圓 ❶，休息 10 分鐘。

3 將麵糰擀成橢圓形之後 ❷，捲起來 ❸，收口處黏好。

4 放置於溫度 35℃ 左右處 ❹，發酵 50~60 分鐘。

5 發酵好之後 ❺，在麵糰上劃一刀 ❻，噴水蓋上保鮮膜，直接放入冷凍庫。

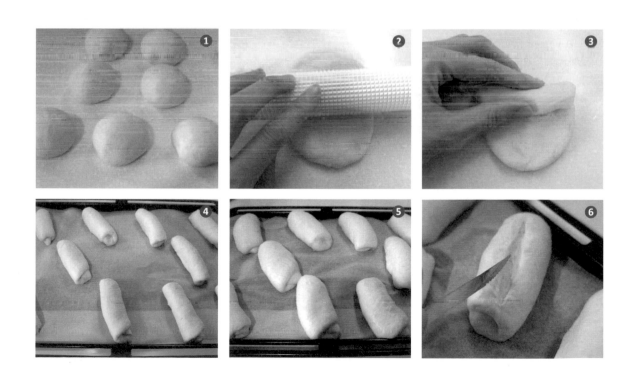

6 趁製作麵包空檔,將大蒜奶油醬的所有材料放入塑膠袋裡面,搓揉均勻之後,再整理成長方形,放入冰箱冷藏 **⑦**。

7 隔天早上起來→烤箱預熱 200℃→將麵糰取出來放在烤盤上(室溫中回溫)**⑧**,去掉保鮮膜,待烤箱溫度到了,馬上就可以烤。

8 將大蒜奶油醬切成條狀,放到麵包上 **⑨**。

9 預熱完成後,放入烤箱烘烤 **13~14** 分鐘,待麵包上色之後就完成囉!

TIPS
奶油量可視個人喜好增減。

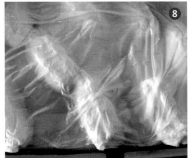
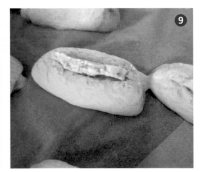

冷凍麵糰建議
3天內要烤完喔！

軟香起司條

這款排列是靠在一起的麵包柔軟而富有彈性，吃起來又香又軟，忍不住就會吃掉很多。

材料

麵糰

高筋麵粉	200g
冰水	130g
砂糖	15g
酵母	2g
鹽巴	2g
橄欖油	15g

餡料

乳酪絲	適量

1 放入所有麵糰材料，麵包機啟動【麵包麵糰】模式（包含揉麵＋一次發酵 60 分鐘）。

> 如果是使用攪拌器，此份量對多數攪拌器來說都算少，建議做兩倍的份量會比較好打。
> 攪拌器的使用方式為投入所有的麵糰材料，設定慢速 3 分鐘，轉中速 5~7 分鐘（每一台機器不同，重點是要打出薄膜），之後放到室溫 28℃ 處發酵 60 分鐘。

2 取出麵糰，排氣滾圓，休息 10 分鐘 ❶。

3 將麵糰擀成 25x35 公分長方形之後 ❷ 翻過來，一半鋪上乳酪絲 ❸，然後對摺起來 ❹。

4 用擀麵棍將麵糰擀得更密合一點 ❺，然後切割成 12 等份 ❻。

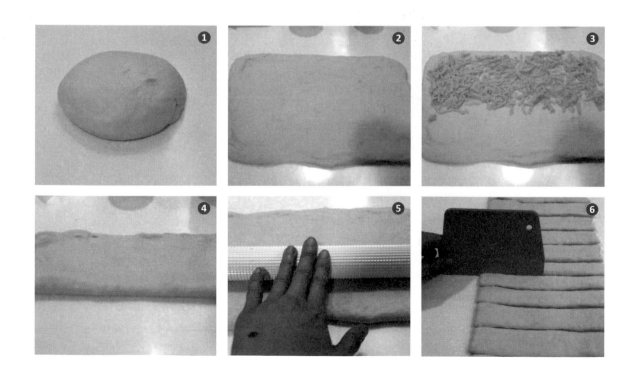

5　將麵糰扭轉幾圈之後，放到烤盤上 ❼

6　放置於溫度 35℃左右處，發酵 60 分鐘 ❽。

7　發酵好之後 ❾，噴水蓋上保鮮膜，直接放入冷凍庫。

8　隔天早上起來→烤箱預熱 210℃→將麵糰取出來放在烤盤上（室溫中回溫），把麵糰靠緊排列好 ❿，烤箱預熱完成後即可放入烤箱。

9　預熱至 210℃，放入烤箱烘烤 14~15 分鐘，待麵包上色之後就完成囉！

冷凍麵糰建議
5天內要烤完喔！

奶香麵包棒

小時候還滿喜歡吃有著甜甜奶香味
的麵包棒，但後來自己學會做麵包
後才發現，原來要想表現出明顯的
奶香，光靠牛奶其實是不夠的。因
此，我在麵糰裡面放入鮮奶油，吃
起來便會香氣十足、美味誘人了。

材料

麵糰

高筋麵粉	200g
鮮奶油	90g
冰水	55g
砂糖	20g
酵母	2g
鹽巴	2g

作法

1　放入所有麵糰材料，麵包機啟動【麵包麵糰】模式（包含揉麵＋一次發酵 60 分鐘）。

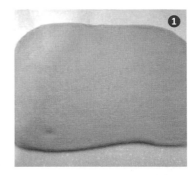

　　🥖 如果是使用攪拌器，此份量對多數攪拌器來說都算少，建議做兩倍的份量會比較好打。
　　攪拌器的使用方式為投入所有麵糰的材料，設定慢速 3~4 分鐘，中速 5~7 分鐘（每一台機器不同，重點是要打出薄膜）。

2　取出麵糰，排氣滾圓，休息 10 分鐘。

3　成 25x35 公分的長方形 ❶，然後用刮板切出長條狀 ❷。

4　將長條狀麵糰一根一根小心地移到烘焙紙上，維持它美美的形狀 ❸。

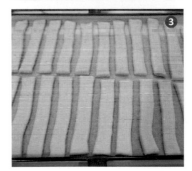

5　不需要發酵，噴水蓋上保鮮膜 ❹，直接放入冷凍庫。

6　隔天早上起來→烤箱預熱 220℃→將麵糰取出來放在烤盤上（室溫中回溫），去掉保鮮膜，待烤箱溫度到了，馬上就可以烤。

7　預熱完成後，放入烤箱烘烤 12~13 分鐘，待麵包上色之後就完成囉！

冷凍麵糰建議
3天內要烤完喔！

超人氣牛肉捲

這道超人氣牛肉捲，除了拿來當早
餐外，由於飽足感十足，也很適合
做為午、晚餐的主食。品嘗的重點
就是趁熱吃，以免冷掉後肉汁吃起
來就有點膩了。

材料（4個／91g）

麵糰

高筋麵粉	200g	酵母	2g
冰水	130g	鹽巴	2g
砂糖	15g	橄欖油	15g

餡料

火鍋牛肉片	200g	鹽巴	適量
蔥花	適量	起司絲	適量
			（披薩用乳酪／起司）

裝飾

黑胡椒 .... 適量
巴西里葉（乾燥西洋菜葉）...... 適量（一般市售）

餡料作法

1 將牛肉炒至8~9分熟,再撒上蔥花,撒入適量鹽巴攪拌均勻,放涼備用 ❶。

麵包作法

1 放入所有麵糰材料,麵包機啟動【麵包麵糰】模式(包含揉麵＋一次發酵 60 分鐘)。

🥖 如果是使用攪拌器,此份量對多數攪拌器來說都算少,建議做兩倍的份量會比較好打。
攪拌器的使用方式為投入所有麵糰材料,設定慢速 3 分鐘,轉中速 5~7 分鐘(每一台機器不同,重點是要打出薄膜),然後放到室溫 28℃ 處發酵 60 分鐘。

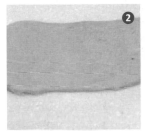

2 取出麵糰,分割成 4 等份,排氣滾圓,休息 10 分鐘。

3 擀成長方形之後 ❷ 翻過來,先放上炒過的牛肉和起司 ❸,包起來並將收口處黏好 ❹。

4 放置於溫度 35℃ 左右處,發酵 30 分鐘,噴點水,然後輕輕蓋上保鮮膜 ❹。

5 隔天早上起來→烤箱預熱 200℃→將麵糰取出來放在烤盤上(室溫中回溫),待烤箱溫度到了,馬上就可以烤。

6 在麵包上撒上適量的起司 ❺。

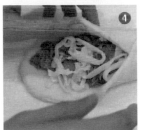

7 預熱完成,放入烤箱烘烤 15~16 分鐘,待麵包上色之後即完成,出爐後撒上黑胡椒及巴西里葉,香味會更濃郁。

TIPS

如果覺得烘烤時間太長,在**步驟 2** 時可將麵糰分割成 5 等份。麵包體小了,烘烤時間便可以縮短。

冷凍麵糰建議
5天內要烤完喔！

迷你瑪格麗特披薩

最經典的披薩口味莫過於瑪格麗特了，
主要食材有紅色的番茄、白色的馬茲瑞
拉起司以及綠色的羅勒，剛剛好是義大
利國旗的顏色。想嚐試做披薩時，也是
最簡的上手款喔！

材料（5個／68g）

麵糰

中筋麵粉	200g	酵母	2g
冰水	120g	鹽巴	2g
砂糖	10g	橄欖油	10g

配料

橄欖油	適量	九層塔	適量
番茄糊	適量	乳酪絲	適量
番茄片	適量		

作法

1 放入所有麵糰材料，麵包機啟動【麵包麵糰】模式（包含揉麵＋一次發酵 60 分鐘）。

> 🥖 攪拌器的使用方式為投入所有麵糰材料，設定慢速 3 分鐘，轉中速 2 分鐘投入所有麵糰材料，設定慢速 3~4 分鐘，中速 5~7 分鐘（每一台機器不同，重點是要打到光滑），然後放到室溫 28℃ 處發酵 60 分鐘。

2 取出麵糰，分割成 5 等份 **1**，排氣滾圓，休息 10 分鐘。

3 擀成圓形 **2** 之後，可以直接放到保鮮膜上，將一個一個麵糰隔開 **3**，直接放入冷凍庫（比起一般麵包更不佔冷凍空間）。

4 隔天早上起來→預熱烤箱 230℃→將麵糰取出來放在烤盤上（室溫中回溫），待烤箱溫度到了，馬上就可以烤。

5 在麵糰塗上一層番茄糊 **4**，放上乳酪絲，再放上一片番茄 **5**，放入烤箱。

6 待預熱完成，烘烤 10~12 分鐘，至麵包上色後即可。出爐後放上九層塔，然後淋上少許橄欖油就完成囉！

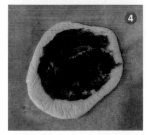

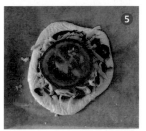

PART
2

極致口感的
鬆軟麵包

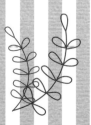

冷凍麵糰建議
3 天內要烤完喔！

❦

香甜蘋果麵包

這款可是貨真價實的蘋果麵包，麵包內夾入酸甜可口的蘋果餡，風味十足。注意的重點是在製作蘋果餡時，一定要將多餘的水分煮乾，才不會影響到麵糰的發酵。

材料（6 個／ 62g）

麵糰

高筋麵粉	200g	酵母	2g
冰水	110g	鹽巴	2g
雞蛋	20g	奶油	20g
砂糖	20g		

餡料

蘋果餡（參考 P.033）.................... 一份約 300g

裝飾

蛋液 .... 適量

作法

1　放入所有麵糰材料，麵包機啟動【麵包麵糰】模式（包含揉麵＋一次發酵 60 分鐘）。

　　🥖 如果是使用攪拌器，此份量對多數攪拌器來說都算少，建議做兩倍的份量會比較好打。攪拌器的使用方式為投入除了奶油以外的麵糰材料，設定慢速 3 分鐘，轉中速 2 分鐘，之後放入奶油，再設定慢速 2 分鐘，中速 4~6 分鐘（每一台機器不同，重點是要打出薄膜）。然後放到室溫 28℃ 處發酵 60 分鐘。

2　取出麵糰，分割成 6 等份，排氣滾圓，靜置 10 分鐘 ❶。

3　取一個麵糰擀平，在麵糰的一側放入 1/6 的餡料 ❷，然後將麵糰蓋起來 ❸，邊緣黏緊之後，用叉子壓出紋路 ❹。

4　放置於溫度 35℃ 左右處，發酵 40 分鐘。

5　發酵好之後，在麵糰上方剪出三條紋 ❺❻。蓋上保鮮膜，直接放入冷凍庫。

6　隔天早上起來→烤箱預熱 200℃→將麵糰取出來放在烤盤上（室溫中），塗上適量蛋液 ❼，待烤箱溫度到了，馬上就可以烤。

7　預熱完成後，放入烤箱烘烤 13~14 分鐘，待麵包上色之後即完成。

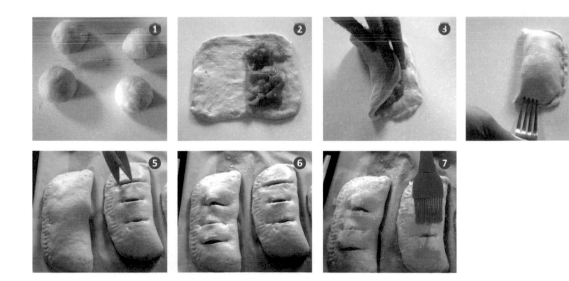

冷凍麵糰建議
3天內要烤完喔！

毛毛蟲葡萄乾麵包

造型可愛的毛毛蟲麵包超受小朋友的歡
迎，還添加了香甜又補鈣的葡萄乾，軟
Q 好吃，是辣媽家常備的推薦麵包款，
也是部落格中超人氣麵包喔。

材料（8 個／ 51g）

麵糰

高筋麵粉	200g
水	130g
砂糖	20g
酵母	2g
鹽巴	2g
奶油	20g

投料

葡萄乾	40g

作法

1　放入所有麵糰材料，麵包機啟動【麵包麵糰】模式，設定為【一般攪拌】，放入葡萄乾（包含揉麵＋一次發酵 60 分鐘）。

　　🥖 如果是使用攪拌器，此份量對多數攪拌器來說都算少，建議做兩倍的份量會比較好打。攪拌器的使用方式為投入所有的麵糰材料，設定慢速 3 分鐘，中速 5~7 分鐘（每一台機器不同，重點是要打出薄膜）。放入葡萄乾之後，以慢速攪 2 分鐘，確定葡萄乾已分布均勻即可。放置於室溫 28℃處發酵 60 分鐘。

2　取出麵糰，分割成 8 個 ❶，分別一一滾圓，靜置 10 分鐘。

3　取一個麵糰擀成橢圓形，翻面後捲起來 ❷❸。

  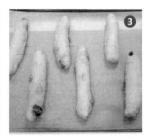

4　剪刀噴點水，在麵糰上剪出 5 刀 ❹（剪深一點，紋路會更明顯喔）。

5　放置於 35℃處，發酵 50 分鐘 ❺。完成之後噴上一點水，蓋上保鮮膜，直接放入冷凍庫。

6　隔天早上起來→烤箱預熱 200℃→將麵糰取出來放在烤盤上（室溫中回溫），待烤箱溫度到了，馬上就可以烤。

7　待預熱完成，放入烤箱烤 12~13 分鐘即可出爐！

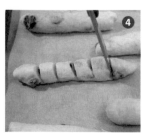 

冷凍麵糰建議
3天內要烤完喔！

伯爵茶餐包

麵包體完全融入伯爵茶的香氣，咬下一口，麵包很柔軟，是十分適合做為早餐的麵包，夾入果醬或抹上奶油一起吃都很配。

材料（8個／46g）

伯爵茶
伯爵茶.............................2.5g（約1個沖泡茶包）
熱水...50g

麵糰
伯爵茶....................................50g（泡好放涼的）
高筋麵粉...200g
冰水...80g
砂糖...25g
酵母..2g
鹽巴..2g
奶油..20g

作法

1 將伯爵茶包剪開，泡入 50g 熱水中約 3 分鐘 ，把茶放涼（茶要放涼了之後才能用，連茶葉一起放入麵包機）。打開麵包機，放入所有麵糰材料，啟動【麵包麵糰】模式（已包含揉麵＋一次發酵 60 分鐘）。

🥖 如果是使用攪拌器，此份量對多數攪拌器來說都算少，建議做兩倍的份量會比較好打。
攪拌器的使用方法是投入除了奶油外的麵糰材料，設定慢速 3 分鐘，轉中速 2 分鐘後放入奶油，再設定慢速 2 分鐘，快速 4~6 分鐘（每一台機器不同，重點是要打出薄膜）。然後放到室溫 28℃ 處發酵 60 分鐘。

2 取出麵糰，分割成 8 等份，排氣滾圓 。

3 放置於溫度 35℃ 左右處，發酵 50 分鐘 。

4 發酵好之後，噴水後蓋上保鮮膜 ，直接放入冷凍庫。

5 隔天早上起來→烤箱預熱 200℃→將麵糰取出來放在烤盤上（室溫中回溫），去掉保鮮膜，待烤箱溫度到了，馬上就可以放進去烤了。

6 預熱完成，放入烤箱烘烤 12~13 分鐘，待麵包上色之後即完成。

冷凍麵糰建議
3天內要烤完喔！

爆漿黑芝麻麵包

這是懶人版的爆漿餐包做法，不需要另
外調餡，直接購買現成的湯圓來用就
好。當初第一次做的時候有點忐忑，生
怕包在裡面的湯圓烤不熟，所以刻意拉
長了烘烤的時間。扒開麵包的一瞬間，
流動的內餡帶著誘人的芝麻香氣，絕對
是台式麵包才有的爽快感。

材料（10個／37g）

麵糰

高筋麵粉	200g
冰水	130g
砂糖	20g
酵母	2g
鹽巴	2g
奶油	20g

餡料

黑芝麻湯圓（也可換成其他口味）	10 顆

裝飾

黑芝麻（炒熟的）	適量

作法

1 放入麵糰所有材料，麵包機啟動【麵包麵糰】模式（包含揉麵＋一次發酵 60 分鐘）。

   🍞 如果是使用攪拌器，此份量對多數攪拌器來說都算少，建議做兩倍的份量會比較好打。攪拌器的使用方法是投入奶油以外的麵糰材料，設定慢速 3 分鐘，轉中速 2 分鐘後放入奶油，再設定慢速 2 分鐘，中速 4~6 分鐘（每一台機器不同，重點是要打出薄膜）。然後放到室溫 28℃ 處發酵 60 分鐘。

2 取出麵糰，分割成 10 等份，排氣滾圓，靜置 10 分鐘 ❶。

3 取一個麵糰拍平 ❷，放入湯圓 ❸，包起來 ❹，收口捏緊。

4 在麵糰上方放入適量芝麻 ❺。

5 放置於溫度 35℃ 左右處，發酵 50 分鐘。

6 發酵好之後噴水 ❻，蓋上保鮮膜，直接放入冷凍庫。

7 隔天早上起來→烤箱預熱 200℃→將麵糰取出來放在烤盤上（室溫中回溫），待烤箱溫度到了，馬上就可以烤。

8 預熱完成後，放入烤箱烘烤 14~15 分鐘，待麵包上色就完成囉！

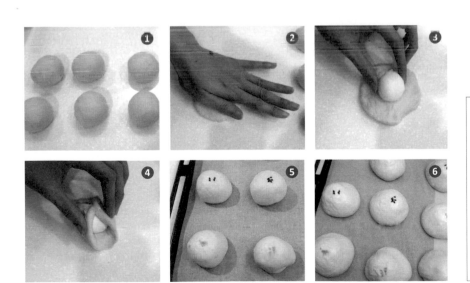

TIPS

• 因為包入湯圓，所以烘烤的時間需比一般麵包略長一點。

• 此款麵包一定要趁熱熱吃，冷了，湯圓的口感就不好了。

冷凍麵糰建議
3天內要烤完喔！

蔥花麵包

這次在製作蔥花麵包時，身體剛好不舒
服，特別商請女兒幫忙分割滾圓，好讓
媽媽能多睡 15 分鐘。醒來後看到一個
個已經滾圓的小餐包，覺得特別可愛，
原來在不知不覺中，女兒在媽媽的耳濡
目染之下，也愛上了烘焙。

材料（9 個／42g）

麵糰

高筋麵粉	200g	酵母	2g
雞蛋	15g	鹽巴	2g
冰水	115g	奶油	15g
砂糖	25g		

配料

鹽巴	2g	橄欖油	25g
黑胡椒	適量	蔥花	80g
		（不要切的太細）	

裝飾

全蛋蛋液 .... 適量

作法

1　放入所有麵糰材料，麵包機啟動【麵包麵糰】模式（包含揉麵＋一次發酵 60 分鐘）。

　　🥄 如果是使用攪拌器，此份量對多數攪拌器來說都算少，建議做兩倍的份量會比較好打。
　　　攪拌器的使用方式為投入除了奶油之外的其他麵糰材料，設定慢速 3 分鐘，轉中速 2 分鐘，
　　　之後放入奶油，再設定慢速 2 分鐘，中速 5~7 分鐘（每一台機器不同，重點是要打出薄
　　　膜），然後放到室溫 28℃ 處發酵 60 分鐘。

2　取出麵糰，分割成 9 等份，排氣滾圓 ❶，直接放在烤盤上。

3　用刀子從麵糰中央切出約 1.5 公分深的缺口 ❷。

4　放置於溫度 35℃ 左右處，發酵 50 分鐘。

5　發酵好之後，噴水蓋上保鮮膜 ❸，直接放入冷凍庫。

 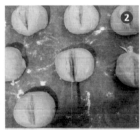 

6　隔天早上起來→烤箱預熱210℃→將麵糰取出來放在烤盤上，三個一起靠緊擺放好 ❹（室
　　溫中回溫），待烤箱溫度到了，馬上就可以烤。

7　趁烤箱預熱好之前，將所有蔥花配料攪拌均勻，在麵糰塗上一層蛋液，之後鋪上蔥花材
　　料 ❺。

8　預熱完成後，放入烤箱烘烤 12~13 分鐘，待麵包上色之後就完成囉！

冷凍麵糰建議
3天內要烤完喔！

鮪魚玉米麵包

把家裡常備的鮪魚和玉米罐頭做成麵包的餡料，擠上甜甜的美乃滋，除了方便沾附配料外，還能讓口感更為滑順，是一款大人小孩都愛的麵包。

麵糰

高筋麵粉	200g	酵母	2g
雞蛋	15g	鹽巴	2g
冰水	115g	奶油	15g
砂糖	25g		

配料

水煮鮪魚罐頭	150g	美乃滋	適量
玉米粒	適量		

裝飾

美乃滋	適量
巴西里葉	少量

作法

1　放入所有麵糰材料，麵包機啟動【麵包麵糰】模式（包含揉麵＋一次發酵 60 分鐘）。

　　🍞 如果是使用攪拌器，此份量對多數攪拌器來說都算少，建議做兩倍的份量會比較好打。
　　　攪拌器的使用方式為投入除了奶油之外的其他麵糰材料，設定慢速 3 分鐘，轉中速 2 分鐘，
　　　之後放入奶油，再設定慢速 2 分鐘，中速 5~7 分鐘（每一台機器不同，重點是要打出薄
　　　膜），然後放到室溫 28℃ 處發酵 60 分鐘。

2　取出麵糰，分割成 9 等份，排氣滾圓 ❶，休息 10 分鐘。

3　擀成長方形，捲起來搓成長條形後捲起來 ❷，再搓長 ❸。

4　綁成辮子 ❹❺，在辮子上方劃出一條切痕 ❻。

5　放置於溫度 35℃ 左右處，發酵 50 分鐘 ❼。發酵好之後，噴水蓋上保鮮膜，直接放入冷
　　凍庫。

6　隔天早上起來→烤箱預熱 200℃→將麵糰取出來放在烤盤上（室溫中回溫）。

7　趁烤箱預熱好之前，將所有配料攪拌均勻後，一一鋪在麵包上 ❽。

8　預熱完成後，放入烤箱烘烤 14~15 分鐘，待麵包上色之後即可出爐。再擠上適量美乃滋，
　　並撒上巴西里葉裝飾，就完成了！

> **TIPS**
>
> 餡料可以依照個人喜好調整，但不建議省略美乃滋，否則鮪魚玉米會很容易烤焦。

冷凍麵糰建議
3 天內要烤完喔！

🌱

巧克力豆餐包

辣媽家中全都是巧克力控，這款巧克力麵包，便是為家人做的愛心款。甜蜜的巧克力豆出現在香軟的麵包中，讓人吃了以後心情也跟著愉悅起來。

材料（11 個／39g）

麵糰

高筋麵粉	200g
冰水	130g
砂糖	20g
酵母	2g
鹽巴	3g
奶油	20g

投料

巧克力豆	55g

作法

1 放入所有麵糰材料，麵包機啟動【麵包麵糰】模式，設定投料，時間到投入巧克力豆（包含揉麵＋一次發酵 60 分鐘）。

> 如果是使用攪拌器，此份量對多數攪拌器來說都算少，建議做兩倍的份量會比較好打。
> 攪拌器的使用方式為投入除了奶油之外的其他麵糰材料，設定慢速 3 分鐘，轉中速 2 分鐘，之後放入奶油，再設定慢速 2 分鐘，中速 5~7 分鐘（每一台機器不同，重點是要打出薄膜），放入巧克力豆，再以慢速攪拌到巧克力豆均勻，然後放到室溫 28℃ 處發酵 60 分鐘。

2 取出麵糰，分割成 11 等份，排氣滾圓 ❶，然後將麵糰放到烤盤上 ❷。

3 放置於溫度 35℃左右處 發酵 50 分鐘 ❸，噴水蓋上保鮮膜 ❹，直接放入冷凍庫。

4 隔天早上起來→烤箱預熱 200℃→將麵糰取出來放在烤盤上（室溫中回溫），去掉保鮮膜。

5 預熱完成後，放入烤箱烘烤 12~13 分鐘，待麵包上色之後就完成囉！

TIPS

夏天製作這款麵包的時候，巧克力豆可能會因為高溫而稍微融化，麵糰會因為這樣染成淡淡的咖啡色，這是正常現象。

抹茶紅豆麵包

抹茶跟紅豆絕對是超級好朋友，兩者合在一起，就是懷舊復古的和風滋味，不會過於甜膩，美味更加倍！

材料

麵糰

高筋麵粉	192g
無糖抹茶粉（森半）	8g
鮮奶	77g
冰水	60g
砂糖	20g
酵母	2g
鹽巴	3g
奶油	30g

配料

蜜紅豆	70g

作法

1　放入所有麵糰材料，麵包機啟動【麵包麵糰】模式（包含揉麵＋一次發酵60分鐘）。

　　🥖 如果是使用攪拌器，請投入除了奶油之外的其他麵糰材料，設定慢速3分鐘，轉中速2分鐘之後放入奶油，再設定慢速2分鐘，中速5~7分鐘（每一台機器不同，重點是要打出薄膜），之後放到室溫28℃處發酵60分鐘。

2　取出麵糰，排氣滾圓 ❶，休息10~15分鐘。

3　擀成30x35公分的長方形 ❷，在麵糰的一半擺放上蜜紅豆 ❸，對摺 ❹。

4　擀平，切成適當大小，放到烤盤上 ❺。

5　放置於溫度35℃左右處發酵30分鐘，噴水蓋上保鮮膜，直接入冷凍庫。

6　隔天早上起來→預熱烤箱200℃→將麵糰取出來放在烤盤上（室溫中回溫）。

7　預熱完成後，放入烤箱烘烤12~13分鐘，待麵包上色之後即完成。

地瓜燒

提起地瓜，就會想起秋冬沿街叫賣的烤
地瓜，捧在手上就有種溫暖的感覺，更
不要說吃進嘴裡那股香甜的滋味。地瓜
也很適合拿來做為麵包的內餡，除了好
吃以外，更是高纖的健康好食材。

**冷凍麵糰建議
3天內要烤完喔！**

材料（12個／32g）

麵糰

高筋麵粉	200g	酵母	2g
鮮奶	66g	鹽巴	2g
冰水	70g	奶油	30g
砂糖	20g		

餡料

奶油地瓜餡（參考 P.032）................一份約 300g

裝飾

黑芝麻 ....少量

作法

1　放入所有麵糰材料，麵包機啟動【麵包麵糰】模式（包含揉麵＋一次發酵 60 分鐘）。

　　🥖 如果是使用攪拌器，此份量對多數攪拌器來說都算少，建議做兩倍的份量會比較好打。
　　攪拌器的使用方式為投入除了奶油之外的其他麵糰材料，設定慢速 3 分鐘，轉中速 2 分鐘
　　後放入奶油，再設定慢速 2 分鐘，中速 5~7 分鐘（每一台機器不同，重點是要打出薄膜），
　　然後放到室溫 28℃處，發酵 60 分鐘。

2　取出麵糰，分割成 12 等份，排氣滾圓，靜置 10 分鐘 ❶。

3　取其中一個麵糰，拍平包入 25g 地瓜餡 ❷，收口捏緊，之後壓扁 ❸。

4　點上適量黑芝麻 ❹，在麵糰上蓋上一層烘焙紙 ❺，蓋上烤盤 ❻。

5　放置於溫度 35℃左右處，發酵 40 分鐘。

6　發酵完成之後，噴水蓋上保鮮膜，直接放入冷凍庫。

7　隔天早上起來→烤箱預熱 200℃→將麵糰取出來放在烤盤上（室溫中回溫），再度隔著
　　烘焙紙蓋上烤盤，上下烤盤一起入烤箱烤，待烤箱溫度到了，馬上就可以烤。

8　預熱完成後，放入烤箱烘烤 10~14 分鐘，待麵包上色之後即完成。

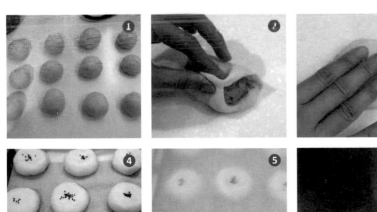

> **TIPS**
> 因為有地瓜內餡的關
> 係，這個麵包烘烤的
> 時間需要長一點。

冷凍麵糰建議
3天內要烤完喔！

懶人版黑眼豆豆

黑眼豆豆一直是各大麵包店裡的熱銷款，若想自己在家製作，其實並不困難。以下的配方更是超級懶人版，能大幅節省製作時間，但美味度卻是一點兒都沒少喔！

材料

麵糰

高筋麵粉	180g	砂糖	20g
無糖可可粉	20g	酵母	2g
冰水	70g	鹽巴	2g
鮮奶	80g	奶油	20g

投料

耐烤巧克力 40g

作法

1 放入所有麵糰材料，麵包機啟動【麵包麵糰】模式，設定投料（包含揉麵＋一次發酵 60 分鐘），待投料提醒聲響起，再自行倒入耐烤巧克力。

> 🥖 如果是使用攪拌器，此份量對多數攪拌器來說都算少，建議做兩倍的份量會比較好打。攪拌器的使用方式為投入所有的麵糰材料，設定慢速 3 分鐘，轉中速 5~7 分鐘（每一台機器不同，重點是要打出薄膜），放入巧克力後，再設定慢速 2 分鐘，然後放到室溫 28℃處發酵 60 分鐘。

2 取出麵糰，分成兩等份，排氣滾圓 ❶，靜置 10 分鐘。

3 將麵糰拍平，然後捲起來 ❷，收口黏緊 ❸，再搓成長條狀 ❹，盡可能用刮板切出等量大小 ❺。

4 放置於溫度 35℃左右處 ❻，發酵 40 分鐘。

5 發酵好之後 ❼，噴水蓋上保鮮膜 ❽，直接放入冷凍庫。

6 隔天早上起來→烤箱預熱 200℃→將麵糰取出來放在烤盤上（室溫中回溫），去掉保鮮膜，待烤箱溫度到了，馬上就可以烤。

7 待預熱完成，放入烤箱以 200℃烘烤 12 分鐘，就大功告成囉！

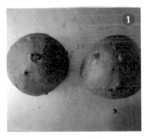
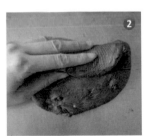
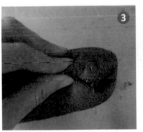

冷凍麵糰建議
3天內要烤完喔！

❧ 鮮奶軟軟包

這是一款非常柔軟、非常好吃的麵包，製作出來時還想要幫它取名為柔軟牽絲包、夢幻包或是依外型取個香蕉包之類的，但想了好幾個都覺得不夠貼切。後來還是逼迫老公一定要幫我想個名字，軟軟包就這樣出道了。

材料（8個／48g）

麵糰

高筋麵粉	200g	酵母	2g
鮮奶	66g	鹽巴	2g
冰水	70g	奶油	30g
砂糖	20g		

裝飾

奶油..少許

作法

1　放入所有麵糰材料，麵包機啟動【麵包麵糰】模式（包含揉麵＋一次發酵 60 分鐘）。

　　🥖 如果是使用攪拌器，此份量對多數攪拌器來說都算少，建議做兩倍的份量會比較好打。
　　攪拌器的使用方式為投入除了奶油之外的其他麵糰材料，設定慢速 3 分鐘，轉中速 2 分鐘
　　後放入奶油，再設定慢速 2 分鐘，中速 5~7 分鐘（每一台機器不同，重點是要打出薄膜），
　　然後放到室溫 28℃ 處發酵 60 分鐘。

2　取出麵糰，分割成 8 等份，排氣滾圓 ❶，靜置 10 分鐘。

3　取其中一個麵糰，擀成約 20 公分長的橢圓形之後捲起來 ❷❸，收口捏緊 ❹。

4　留下適當空隙，以並排方式放在烤盤上 ❺，放置於溫度 35℃ 左右處，發酵 50 分鐘。

5　發酵好之後，噴水蓋上保鮮膜，直接放入冷凍庫。

6　隔天早上起來→烤箱預熱 200℃→將麵糰取出來放在烤盤上（室溫中回溫），緊靠並排
　　好，待烤箱溫度到了，馬上就可以烤。

7　預熱完成後，放入烤箱烘烤 12~13 分鐘，待麵包上色即可出爐。

8　趁麵包還熱的時候，於表面塗上一層奶油 ❻，聞起來更香、看起來也更漂亮。

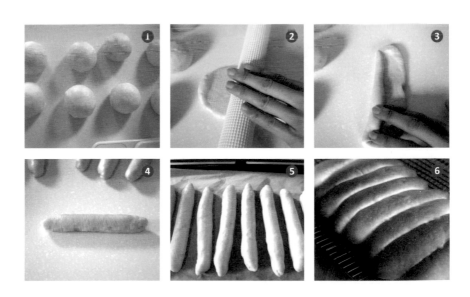

冷凍麵糰建議
3天內要烤完喔！

髒髒便便包

這髒髒便便包真的很好吃啊！吃了之後絕對洗刷他的名字，保證真的真的真的是很好吃、很柔軟的巧克力麵包喔！早上晨烤新鮮吃，更能突顯得他的柔軟與美味。

材料

麵糰

高筋麵粉	180g	砂糖	20g
無糖可可粉	20g	酵母	2g
鮮奶	66g	鹽巴	2g
冰水	75g	奶油	30g

配料

苦甜巧克力.................................64g（每個包入 8g）

裝飾

無糖可可粉...少許
奶油...少許

作法

1　放入所有麵糰材料，麵包機啟動【麵包麵糰】模式（包含揉麵＋一次發酵 60 分鐘）。

　　🥖 如果是使用攪拌器，此份量對多數攪拌器來說都算少，建議做兩倍的份量會比較好打。
　　攪拌器的使用方式為除了奶油之外，投入其他所有的麵糰材料，設定慢速 3 分鐘，轉中速
　　2 分鐘後放入奶油，再設定慢速 2 分鐘，中速 5~7 分鐘（每一台機器不同，重點是要打出
　　薄膜），然後放置室溫 28℃處，發酵 60 分鐘。

2　取出麵糰，分割成 8 等份 ❶，排氣滾圓，靜置 10 分鐘。

3　取其中一個麵糰擀成橢圓形 ❷，包入巧克力之後捲起來 ❸，收口捏緊 ❹。

4　放置於溫度 35℃左右處 ❺，發酵 50 分鐘。

5　發酵好之後，噴水蓋上保鮮膜，直接放入冷凍庫。

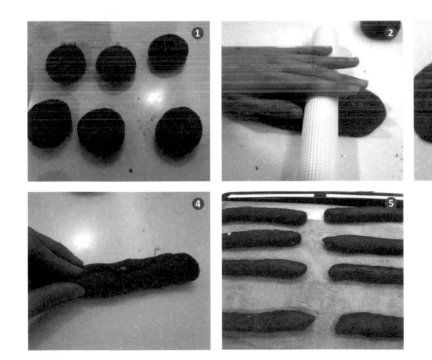

6　隔天早上起來→烤箱預熱 200℃→將麵糰取出來放在烤盤上（室溫中回溫）❻，緊靠並排好 ❼。待烤箱溫度到了，馬上就可以烤。

7　預熱完成後，放入烤箱烘烤 13~14 分鐘出爐。

8　趁麵包熱的時候塗上一層奶油 ❽，撒上少量可可粉 ❾，讓麵包變得微微苦甜，層次更為豐富。

TIPS

更邪惡版本——於**步驟 8**時，先在麵包表層淋上一層甘納許（請參考 P.031，太多會太甜），再撒上可可粉，非常好吃喔（小孩口味）！

冷凍麵糰建議
3天內要烤完喔！

帕瑪森軟法

不同於一般法國麵包給人的耐嚼印象，這款軟法混合了高筋與低筋麵粉，讓出爐的麵包呈現出更適合台灣人的柔軟口感與濕潤度。表面撒上一層帕瑪森起司粉，在淡雅中帶點鹹香，是令人感到療癒的滋味。

冷凍麵糰建議
3天內要烤完喔！

草莓乳酪軟法

草莓和乳酪也是兩種十分搭配的食材，製作成麵包內餡，更是好吃得不得了。這是一款柔軟且內餡又香又濃的軟法麵包，晨烤後稍微溫熱地吃，絕對是令人感到幸福的早餐時光。

帕瑪森軟法

材料（6 個／ 60g）

麵糰

高筋麵粉	180g	鹽巴	2g
低筋麵粉	20g	奶油	20g
冰水	125g		
砂糖	15g	**配料**	
酵母	2g	帕瑪森起司粉	適量

作法

1　放入所有麵糰材料，麵包機啟動【麵包麵糰】模式（包含揉麵＋一次發酵 60 分鐘）。

> 🥄 如果是使用攪拌器，此份量對多數攪拌器來說都算少，建議做兩倍的份量會比較好打。
> 攪拌器的使用方式為投入奶油除外的所有麵糰材料，設定慢速 3 分鐘，轉中速 2 分鐘，之後放入奶油，再設定慢速 2 分鐘，中速 4~6 分鐘（每一台機器不同，重點是要打出薄膜）。然後放到室溫 28℃處發酵 60 分鐘。

2　取出麵糰，分割成 6 等份，排氣滾圓，靜置 10 分鐘 ❶。

3　取一個麵糰拍平，擀平成長方形之後 ❷，捲起來 ❸，收口捏緊。

4　表面上塗上一層水 ❹，沾上起司粉 ❺，劃出一條線 ❻。

5　放置於溫度 35℃左右處，發酵 50 分。

6　發酵好之後，蓋上保鮮膜，直接放入冷凍庫。

 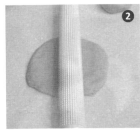  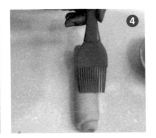

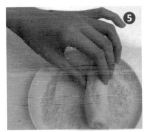 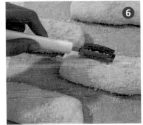 

7　隔天早上起來→烤箱預熱 200℃→將麵糰取出來放在烤盤上（室溫中回溫），待烤箱溫度到了，馬上就可以烤。

8　預熱完成，在麵包切口處塗抹上一點點油 ，放入烤箱烘烤 14~15 分鐘，待麵包上色之後就完成囉！

TIPS

在**步驟** 8 時，可以使用任何耐高溫的油脂，例如玄米油、沙拉油以及特級初榨橄欖油等。

草莓乳酪軟法

材料（6 個／ 61.5g）

麵糰

高筋麵粉	180g	
低筋麵粉	20g	
冰水	125g	
砂糖	20g	
酵母	2g	

鹽巴..2g
奶油..20g

裝飾

高筋麵粉 ....適量

餡料

草莓奶油乳酪.......一份約 165g
（參考 P.031）

作法

1　放入所有麵糰材料，麵包機啟動【麵包麵糰】模式（包含揉麵＋一次發酵 60 分鐘）。

　　🥖 如果是使用攪拌器，此份量對多數攪拌器來說都算少，建議做兩倍的份量會比較好打。
　　攪拌器的使用方式為投入奶油除外所有的麵糰材料，設定慢速 3 分鐘，轉中速 2 分鐘，之後
　　放入奶油，再設定慢速 2 分鐘，快速 4~6 分鐘（每一台機器不同，重點是要打出薄膜），然
　　後放到室溫 28℃ 處發酵 60 分鐘。

2　取出麵糰，分割成 6 等份，排氣滾圓，靜置 10 分鐘 ❶。

3　取一個麵糰拍平，包入 27g 的餡料 ❷，從上方二分之一處直向黏緊 ❸，之後再將下方橫向
　　捏起來 ❹ 並同樣將收口處捏緊，這樣才能呈現出漂亮的三角形外觀。

4　放置於溫度 35℃ 左右處，發酵 50 分鐘 ❺。

5　發酵好之後噴水 ❻，撒上適量高筋麵粉，劃出紋路 ❼❽。

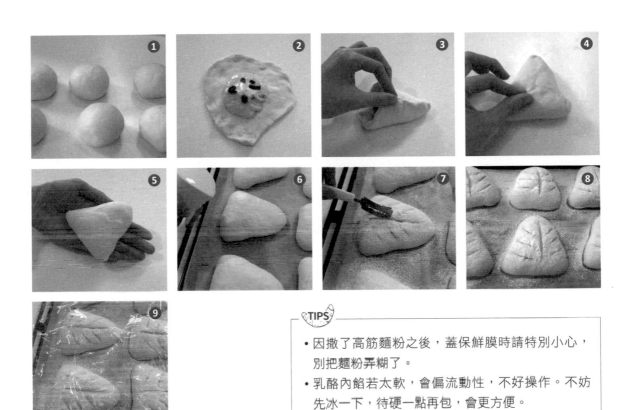

- 因撒了高筋麵粉之後，蓋保鮮膜時請特別小心，別把麵粉弄糊了。
- 乳酪內餡若太軟，會偏流動性，不好操作。不妨先冰一下，待硬一點再包，會更方便。

6　蓋上保鮮膜，直接放入冷凍庫 ❾。

7　隔天早上起來→烤箱預熱 200℃→將麵糰取出來放在烤盤上（室溫中），待烤箱溫度到了，馬上就可以烤。

8　預熱完成後，放入烤箱烘烤 14~15 分鐘，待麵包上色之後即完成。

冷凍麵糰建議
3天內要烤完喔！

珍珠糖軟法

珍珠糖的熔點比一般砂糖高，加熱後並不會完全融化，多半拿來製作比利時鬆餅。這次改撒在軟法上，能嘗到鬆脆的糖粒，吃起來口感十分特別。

材料（8 個／ 46g）

麵糰

高筋麵粉	200g	酵母	2g
雞蛋	20g	鹽巴	2g
冰水	110g	奶油	20g
砂糖	20g		

裝飾

全蛋液	少量
珍珠糖	適量

作法

1　放入所有麵糰材料，麵包機啟動【麵包麵糰】模式（包含揉麵＋一次發酵 60 分鐘）。

　🥖 如果是使用攪拌器，此份量對多數攪拌器來說都算少，建議做兩倍的份量會比較好打。
　　攪拌器的使用方式為投入奶油除外的所有麵糰材料，設定慢速 3 分鐘，轉中速 2 分鐘後
　　放入奶油，再設定慢速 2 分鐘，快速 4~6 分鐘（每一台機器不同，重點是要打出薄膜）。
　　然後放到室溫 28℃ 處發酵 60 分鐘。

2　取出麵糰，分割成 8 等份，排氣滾圓，靜置 10 分鐘 ❶。

3　將麵糰**擀**成橢圓形，翻過來捲起來 ❷，收口捏緊。

4　再搓成 30 公分的長條型 ❸❹，對摺之後交叉成辮子 ❺❻。

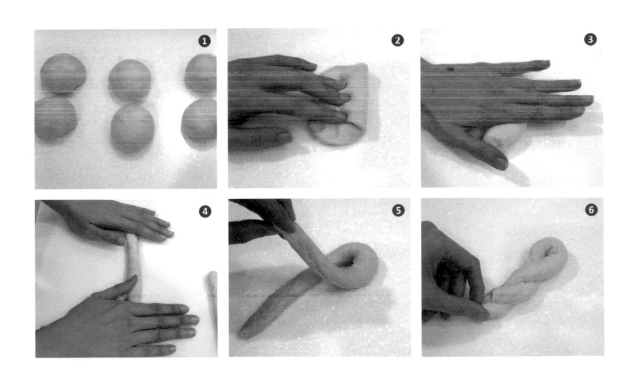

— 115 —

5　放置於溫度 35℃ 左右處 ❼，發酵 50 分鐘。

6　發酵好之後噴水 ❽，蓋上保鮮膜，直接放入冷凍庫。

7　隔天早上起來→烤箱預熱200℃→將麵糰取出來放在烤盤上（室溫中回溫），待烤箱溫度到了，
　馬上就可以烤。

8　塗上蛋液 ❾，撒上珍珠糖 ❿。

9　預熱完成後，放入烤箱烘烤 12~14 分鐘，待麵包上色之後就完成囉！

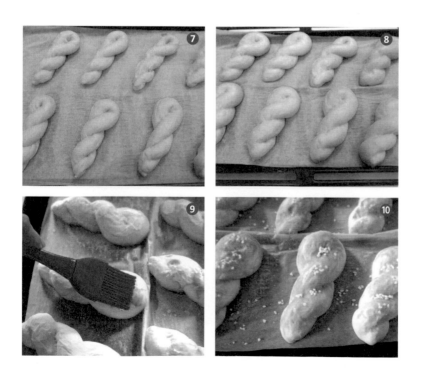

迷你原味菠蘿

現烤菠蘿麵包的魅力完全屬於爆炸等級，宇宙無敵好吃。而且只有剛出爐的菠蘿麵包，才能同時享受到外皮的酥脆與麵包體本身的柔軟，令人無法抗拒。

冷凍麵糰建議
3天內要烤完喔！

材料（9個／31.5g）

菠蘿麵糰

奶油	25g	雞蛋	12g
糖粉	20g	奶粉	5g
鹽巴	少許	低筋麵粉	50g

麵包麵糰

高筋麵粉	150g	酵母	1.5g
雞蛋	15g	鹽巴	2g
水	85g	奶油	15g
砂糖	15g		

裝飾

全蛋蛋液..................................適量

1 將奶油打軟放入糖粉後，用打蛋器打到均勻。然後加入鹽巴，繼續攪拌均勻。

2 將雞蛋攪打成蛋汁後加入**步驟** 1 攪拌均勻。

3 放入奶粉及過篩的低筋麵粉壓成麵糰之後，進冰箱冷藏 30 分鐘，取出後把將菠蘿皮擀成約 15x15 公分的正方形。

TIPS

可參考 P.125 圖 ❶。

麵包作法

1 放入所有麵糰材料，麵包機啟動【麵包麵糰】模式（包含揉麵＋一次發酵 60 分鐘）。

🥖 如果是使用攪拌器，此份量對多數攪拌器來說都算少，建議做兩倍的份量會比較好打。
攪拌器的使用方式為投入除了奶油之外的其他麵糰材料，設定慢速 3 分鐘，轉中速 2 分鐘，之後放入奶油，再設定慢速 2 分鐘，中速 5~7 分鐘（每一台機器不同，重點是要打出薄膜），然後放到室溫 28℃處發酵 60 分鐘。

2 分割成 9 等份滾圓後 ❶，醒 10 分鐘，再度排氣滾圓。

3 將菠蘿皮劃出九宮格 ❷，取一份菠蘿皮隔著保鮮膜擀平、壓平 ❸，麵糰重新滾圓一次之後，蓋上菠蘿皮，包好 ❹，放到烤盤上 ❺。

4 放置於溫度 30℃左右處，進行二次發酵 50~60 分鐘 ❻。噴水，蓋上保鮮膜，放入冷凍庫。

5 隔天早上起來→烤箱預熱 210℃→將麵糰取出來放在烤盤上（室溫中回溫），待烤箱溫度到了，馬上就可以烤。

6 塗上蛋液，預熱完成後放入烤箱烘烤 13~14 分鐘，待麵包上色之後就完成囉！

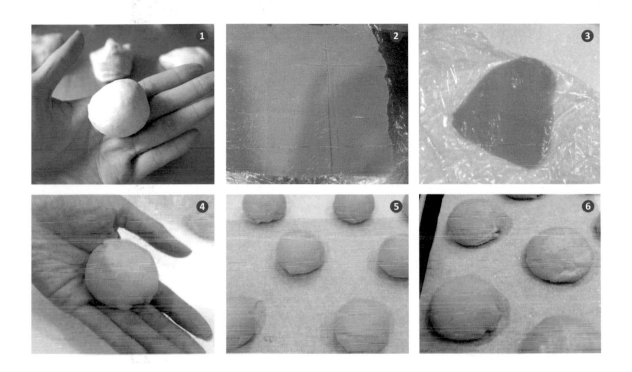

TIPS

菠蘿麵包在進行二次發酵時，
溫度不宜太高，否則上方的菠
蘿麵糰奶油會因此融化。

冷凍麵糰建議
3天內要烤完喔！

脆皮巧克力菠蘿

這款巧克力麵包的巧克力嚐起來薄脆而不膩，搭配上柔軟的麵包，真的十分美味。再加上這次的配方完全是為了滿足家裡的巧克力控們，我自動把份量增加了！

冷凍麵糰建議
3天內要烤完喔！

夢幻草莓菠蘿

酥脆的菠蘿外皮，加上柔軟的麵包本身都充滿了自然的草莓香氣，再加上粉嫩的美麗外觀，可説是色香味俱全。在草莓季來臨時，千萬別忘了嚐試這款菠蘿皮、麵包體都加入新鮮草莓的晨烤麵包。

脆皮巧克力菠蘿

材料（12 個／ 39g）

菠蘿麵糰

奶油	35g
糖粉	30g
雞蛋	18g
低筋麵粉	63g
可可粉	7g

麵包麵糰

高筋麵粉	250g
冰水	165g
砂糖	25g
酵母	2.5g
鹽巴	2.5g
奶油	25g

裝飾

砂糖	適量

菠蘿皮作法

1 將奶油打軟放入糖粉後，用打蛋器打到均勻。

2 將雞蛋攪打成蛋汁後加入**步驟** 1 攪拌均勻。

3 放入過篩的低筋麵粉和可可粉壓成麵糰之後，進冰箱冷藏 30 分鐘，取出後把將菠蘿皮擀成約 15x15 公分的正方形。

麵包作法

1 放入所有麵糰材料，麵包機啟動【麵包麵糰】模式（包含揉麵＋一次發酵 60 分鐘）。

🖐 如果是使用攪拌器，此份量對多數攪拌器來說都算少，建議做兩倍的份量會比較好打。
攪拌器的使用方式為投入除了奶油之外的其他麵糰材料，設定慢速 3 分鐘，轉中速 2 分鐘，
之後放入奶油，再設定慢速 2 分鐘，中速 5~7 分鐘（每一台機器不同，重點是要打出薄膜），
然後放到室溫 28℃處發酵 60 分鐘 ❶。

2 分割成 12 等份滾圓 ❷，醒 10 分鐘。

3　將菠蘿皮劃出 12 等份 ❸。

4　取一份菠蘿皮，隔著保鮮膜擀平壓平 ❹。

5　麵糰重新滾圓一次之後，蓋上菠蘿皮 ❺，包好後，沾上適量砂糖，放到烤盤上 ❻。其它剩餘的菠蘿皮，記得趕快放回冷凍庫，才方便整形。

6　放置於溫度 30℃左右處，進行二次發酵 50~60 分鐘 ❼。

7　噴水，蓋上保鮮膜，放入冷凍庫 ❽。

8　隔天早上起來→烤箱預熱200℃→將麵糰取出來放在烤盤上（室溫中回溫），待烤箱溫度到了，馬上就可以烤。

9　預熱完成後放入烤箱烘烤 14~15 分鐘之後即完成。

TIPS

菠蘿麵包在進行二次發酵時，溫度不宜太高，否則上方的菠蘿麵糰奶油會因此融化。

夢幻草莓菠蘿

材料（12 個／ 39g）

菠蘿麵糰

奶油...30g
糖粉...35g
低筋麵粉....................................105g
草莓（切成小丁）....................50g

麵包麵糰

高筋麵粉...............................250g
草莓...80g
水...90g
砂糖...25g
酵母..2.5g

鹽巴...3g
奶油...25g

裝飾

砂糖.......................................適量

菠蘿皮作法

1 奶油打軟，放入糖粉，使用打蛋器打到均勻。

2 加入過篩的麵粉，大致攪拌均勻。

3 將草莓丁壓入**步驟 2** 的麵糰中，以保鮮膜包起來，放進冰箱冷藏 30 分鐘 ❶，要使用時再從冰箱取出。

麵包作法

1 放入所有麵糰材料，麵包機啟動【麵包麵糰】模式（包含揉麵＋一次發酵 60 分鐘）。

   🥄 如果是使用攪拌器，此份量對多數攪拌器來說都算少，建議做兩倍的份量會比較好打。
   攪拌器的使用方式為投入除了奶油之外的其他麵糰材料，設定慢速 3 分鐘，轉中速 2 分鐘後放入奶油，再設定慢速 2 分鐘，中速 5~7 分鐘（每一台機器不同，重點是要打出薄膜），然後放到室溫 28℃處，發酵 60 分鐘。

2 分割成 12 等份，滾圓醒 10 分鐘 ❷，再度排氣滾圓。

3　將菠蘿皮分成 12 等份 ❸❹，取一份菠蘿皮 ❺ 隔著保鮮膜擀平、壓平。

4　麵糰重新滾圓一次之後，蓋上**步驟** 3 的菠蘿皮 ❻，包好，沾上適量的砂糖 ❼，一一排放到烤盤上 ❽。

5　將**步驟** 4 放在室溫 30℃左右處靜置，進行二次發酵約 50~60 分鐘 ❾。

6　噴水，蓋上保鮮膜，放入冷凍庫。

7　隔天早上起來→烤箱預熱 200℃→將麵糰取出來放在烤盤上（室溫中回溫），待烤箱溫度到了，馬上就可以烤。

8　預熱完成後，放入烤箱烘烤 14~15 分鐘，待麵包上色之後即完成。

TIPS

- 菠蘿麵包在進行二次發酵時，溫度不宜太高，否則上方的菠蘿麵糰奶油會因此融化。
- 製作菠蘿皮時，草莓要盡可能地切成小丁，操作起來會更順手。

冷凍麵糰建議
3 天內要烤完喔！

迷你奶香哈斯

這是一款單吃或塗上果醬都很好吃的麵包，為了帶點優雅感，我特意劃上一點紋路、撒上一些麵粉，感覺起來是不是更美味了呢？

材料（8 個／48g）

麵糰

高筋麵粉	200g	酵母	2g
奶粉	10g	鹽巴	2g
冰水	130g	奶油	20g
砂糖	20g		

裝飾

高筋麵粉 .... 適量

作法

1 放入所有麵糰材料，麵包機啟動【麵包麵糰】模式（包含揉麵＋一次發酵 60 分鐘）。

> 如果是使用攪拌器，此份量對多數攪拌器來説都算少，建議做兩倍的份量會比較好打。
> 攪拌器的使用方法是投入除了奶油外的麵糰材料，設定慢速 3 分鐘，轉中速 2 分鐘後放
> 入奶油，再設定慢速 2 分鐘，快速 4~6 分鐘（每一台機器不同，重點是要打出薄膜）。
> 然後放到室溫 28℃ 處發酵 60 分鐘。

2 取出麵糰，分割成 8 等份 ❶，排氣滾圓，靜置 10 分鐘。

3 將麵糰擀成長方形 ❷，分別由上下兩方往中間摺 ❸。之後再捲起來 ❹，收口捏緊 ❺。

4 放置於溫度 35℃ 左右處 ❻，發酵 50 分鐘。

5 發酵好之後噴水，撒上適量麵粉，劃出紋路 ❼ ❽。輕輕蓋上保鮮膜後 ❾，直接放入冷凍庫。

6 隔天早上起來→烤箱預熱 200℃→將麵糰取出來放在烤盤上（室溫中回溫），去掉保鮮膜。待烤箱溫度到了，馬上就可以烤。

7 預熱完成後，放入烤箱烘烤 12~13 分鐘，待麵包上色之後即完成。

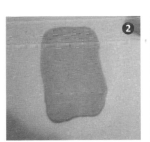
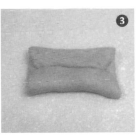
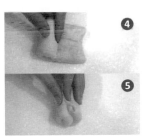
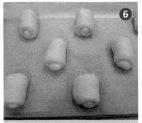
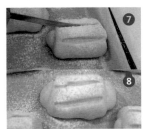
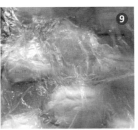

TIPS
先撒粉再蓋保鮮膜，粉容易被拍掉，蓋上保鮮膜時，動作請盡量輕一點。

冷凍麵糰建議
3天內要烤完喔！

迷你巧克力哈斯

這個配方深受許多網友喜愛，濃郁的巧克力味，嘟嘟好的大小，最適合在冷冷的冬日早晨做為早餐，為一天的元氣做好充份準備。

材料（7個／55g）

麵糰

高筋麵粉	185g	砂糖	20g
無糖可可粉	15g	酵母	2g
奶粉	10g	鹽巴	2g
冰水	135g	奶油	20g

裝飾

巧克力豆	40g
高筋麵粉	適量

作法

1　放入所有麵糰材料，麵包機啟動【麵包麵糰】模式（已經包含揉麵＋一次發酵 60 分鐘）。

　　🥖 如果是使用攪拌器，此份量對多數攪拌器來說都算少，建議做兩倍的份量會比較好打。
　　攪拌器的使用方法是投入所有的麵糰材料，設定慢速 3 分鐘，轉中速 2 分鐘後放入奶油，
　　再設定慢速 2 分鐘，快速 4~6 分鐘（每一台機器不同，重點是要打出薄膜）。然後放到
　　室溫 28℃處發酵 60 分鐘。

2　取出麵糰，分割成 7 等份 ❶，排氣滾圓，靜置 10 分鐘。

3　將麵糰擀成長方形，上下往中間摺 ❷。放上巧克力 ❸ 之後，再捲起來 ❹，收口處捏緊。

4　放置於溫度 35℃左右處 ❺ 發酵 50 分鐘。

5　發酵好之後噴水，撒上適量麵粉 ❻，劃出紋路 ❼，輕輕蓋上保鮮膜，直接放入冷凍庫。

6　隔天早上起來→烤箱預熱200℃→將麵糰取出來放在烤盤上（室溫中回溫），待烤箱溫度到了，
　　馬上就可以烤。

7　預熱完成後，送入烤箱烘烤 12~13 分鐘，就完成囉！

TIPS

先撒粉再蓋保鮮膜，
粉容易被拍掉，蓋上
保鮮膜時，動作請盡
量輕一點。

冷凍麵糰建議
3 天內要烤完喔！

鬆餅粉方形麵包

鬆餅粉除了用來做鬆餅外，你一定沒想過還能拿來做麵包吧！加入了鬆餅粉的麵糰吃起來的口感和一般麵包有些不同，表面有一點酥酥的，裡面香香的，喜歡嚐鮮的人，不妨試看看。

材料

麵糰

高筋麵粉	110g
鬆餅粉	100g
冰水	115g
砂糖	20g
酵母	2g
鹽巴	2g
奶油	25g

作法

1 放入所有麵糰材料，麵包機啟動【麵包麵糰】模式（包含揉麵＋一次發酵 60 分鐘）。

> 🥖 如果是使用攪拌器，此份量對多數攪拌器來説都算少，建議做兩倍的份量會比較好打。
>
> 攪拌器的使用方式為投入除了奶油之外的其他麵糰材料，設定慢速 3 分鐘，轉中速 2 分鐘，之後放入奶油，再設定慢速 2 分鐘，中速 5~7 分鐘（每一台機器不同，重點是要打出薄膜），然後放到室溫 28℃ 處發酵 60 分鐘。

2 取出麵糰，不分割，直接排氣滾圓，休息 10 分鐘。

3 將麵糰擀成 20x20 公分的正方形 ❶。

4 將正方形麵糰分割成 9 等份後 ❷，移動到烤盤上 ❸，放置於溫度 35℃ 左右處，發酵 50 分鐘。

5 發酵好之後 ❹，噴水蓋上保鮮膜，直接放入冷凍庫。

6 隔天早上起來→烤箱預熱 200℃→將麵糰取出來放在烤盤上（室溫中回溫），待烤箱溫度到了，馬上就可以烤。

7 預熱完成，放入烤箱烘烤 13~14 分鐘，待麵包上色之後就完成了。

冷凍麵糰建議
3天內要烤完喔！

榛果巧克力
花形麵包

夢幻般的榛果巧克力醬是孩子的最
愛，以前總覺得怎麼可能做出跟外
面賣的一樣好吃的內餡。但動手做
了之後發現，只要夠真材實料，不
需特別的添加物，就能擁有最天然
的堅果香氣。

材料（6個／62g）

麵糰

高筋麵粉	200g	酵母	2g
水	60g	鹽巴	2g
鮮奶	77g	奶油	20g
砂糖	15g		

餡料

榛果巧克力醬（參考 P.032）........................... 適量

裝飾

杏仁片 .... 少許

作法

1　放入麵糰所有材料，麵包機啟動【麵包麵糰】模式（包含揉麵＋一次發酵 60 分鐘）。

> 🍞 如果是使用攪拌器，此份量對大多攪拌器來說都算少，建議做兩倍的份量會比較好打。
> 攪拌器的使用方法是投入除了奶油之外的其他麵糰材料，設定慢速 3 分鐘，轉中速 2 分鐘
> 之後放入奶油，再慢速 2 分鐘，快速 5~7 分鐘（每一台機器不同，重點是要打出薄膜），
> 之後放到室溫 28℃ 處發酵 60 分鐘。

2　取出麵糰，分割成 6 等份，排氣滾圓，休息 10 分鐘。

3　將麵包拍平，擀成約 10x15 公分的長方形，塗上適量榛果醬 ❶（一開始不要塗抹太多，怕不好整形），再對摺 ❷，將四周圍黏緊。

4　從中間用刮板切出兩條線 ❸，將麵糰拿起，然後左右扭轉 ❹。

5　繞圈之後 ❺，放上烤盤 ❻，之後放置於溫度 35℃ 左右處發酵 50~60 分鐘。發酵好之後，噴水蓋上保鮮膜，直接放入冷凍庫。

6　隔天早上起來→烤箱預熱 200℃→將麵糰取出來放在烤盤上（室溫中回溫），放上適量杏仁片 ❼。待烤箱溫度到了，馬上就可以烤。

7　預熱完成後，放入烤箱烘烤 12~13 分鐘，待麵包上色之後，就完成囉！

 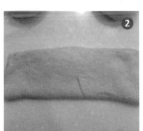 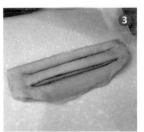 

> **TIPS**
>
> 在步驟 5 麵糰經過扭轉後，會流出部分榛果醬，此為正常現象。為避免太多榛果醬外流，請大家自行斟酌內餡的份量。

冷凍麵糰建議
3 天內要烤完喔！

巧克力麵包捲

這款巧克力麵包的造型非常漂亮，濃濃的巧克力味，香氣十足，是喜歡巧克力的人不容錯過的一道晨烤麵包。

材料（8 個／48g）

麵糰

高筋麵粉	185g	砂糖	20g
無糖可可粉	15g	酵母	2g
奶粉	10g	鹽巴	2g
冰水	135g	奶油	20g

餡料

巧克力豆......................................適量

裝飾

杏仁角...適量

作法

1　放入麵糰所有材料，麵包機啟動【麵包麵糰】模式（包含揉麵＋一次發酵 60 分鐘）。

　　🥖 如果是用攪拌器，此份量對大多攪拌器來說都算少，建議做兩倍的份量會比較好打。
　　攪拌器的使用方法是投入除了奶油之外的所有麵糰材料，設定慢速 3 分鐘，轉中速 2 分鐘，
　　之後放入奶油，再設定慢速 2 分鐘，快速 4~6 分鐘（每台機器不同，重點是要打出薄膜）。
　　之後放到室溫 28℃ 處發酵 60 分鐘。

2　取出麵糰，分割成 8 等份，排氣滾圓，休息 10 分鐘 ❶。

3　將麵糰搓成水滴狀 ❷，用擀麵棍將麵糰擀長，約成 25 公分的水滴狀。

4　放上巧克力 ❸ 之後，再捲起來 ❹（輕輕捲就好），收口捏緊 ❺。

5　放置於溫度 35℃ 左右處，發酵 50 分鐘 ❻。

6　發酵好之後噴水 ❼，然後輕輕蓋上保鮮膜，直接放入冷凍庫。

7　隔天早上起來→烤箱預熱 200℃ →將麵糰取出來室溫放在烤盤上，待烤箱溫度到了，馬上就可以烤。

8　預熱完成，在麵糰上放上杏仁角 ❽，放入烤箱烘烤 13 分鐘，就完成囉！

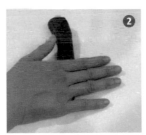
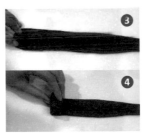

TIPS
步驟 3 並不太容易，
建議要多練習幾次，
才會得心應手喔！

冷凍麵糰建議
3 天內要烤完喔！

起司核桃餐包

核桃跟起司也是合拍的好搭檔。麵包的表面呈現出 8 個尖角，烘烤之後，尖角咬下去酥酥脆脆的，滿是起司的香氣，再加上脆脆的核桃，吃起來清爽又有口感，超棒的！

材料（8 個／ 47g）

麵糰

高筋麵粉	200g	酵母	2g
水	60g	鹽巴	2g
鮮奶	77g	奶油	20g
砂糖	15g		

餡料

帕瑪森起司粉	適量
馬茲瑞拉起司	適量
核桃碎	適量

作法

1　放入麵糰所有材料，麵包機啟動【麵包麵糰】模式（包含揉麵＋一次發酵 60 分鐘）。

🥖 如果是使用攪拌器，此份量對大多攪拌器來說都算少，建議做兩倍的份量會比較好打。
　攪拌器的使用方法是投入除了奶油之外的其他麵糰材料，設定慢速 3 分鐘，轉中速 2 分鐘，
　之後放入奶油，再設定慢速 2 分鐘，快速 5~7 分鐘（每台機器不同，重點是要打出薄膜），
　之後放到室溫 28℃ 處發酵 60 分鐘。

2　取出麵糰，分割成 8 等份，排氣滾圓，休息 10 分鐘。

3　將麵包拍平，放入適量起司 ❶（先放起司，這樣烘烤之後較容易爆漿），再放入核桃 ❷，
　將麵糰包好 ❸。

4　表面噴點水，沾適量起司粉 ❹，之後放置於溫度 35℃左右處，發酵 50~60 分鐘 ❺。

5　發酵好之後 ❻，噴水並蓋上保鮮膜，直接放入冷凍庫。

6　隔天早上起來→烤箱預熱 200℃→將麵糰取出來放在烤盤上（室溫中回溫），用剪刀剪
　出 8 個尖角 ❼，待烤箱溫度到了，馬上就可以烤。

7　預熱完成後，放入烤箱烘烤 12~13 分鐘，待麵包上色之後，就完成囉！

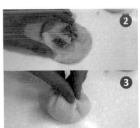

TIPS

• 馬茲瑞拉起司與核桃的份量雖是依個人喜好
　調整，但切記放太多會不好包喔。

• 如果希望麵包表面更漂亮，可在麵包出爐之
　後，剪碎蔓越莓，撒一些在麵包上。

冷凍麵糰建議
3天內要烤完喔！

抹茶白巧克力麵包

抹茶除了與紅豆十分搭配外，配上
白巧克力又是另外一番風味。略帶
點苦味的抹茶與香甜的白巧克力，
讓人吃進嘴裡，有種彷彿春天來了
的幸福感。

材料（8個／48g）

麵糰

高筋麵粉	190g	砂糖	25g
無糖抹茶粉	10g	酵母	2g
冰水	60g	鹽巴	2g
鮮奶	77g	奶油	20g

餡料

白巧克力...64g

裝飾

高筋麵粉...適量

作法

1　放入麵糰所有材料，麵包機啟動【麵包麵糰】模式（包含揉麵＋一次發酵 60 分鐘）。

　　🥖 如果是用攪拌器，此份量對大多攪拌器來說都算少，建議做兩倍的份量會比較好打。
　　攪拌器的使用方法是投入除了奶油之外的其他麵糰材料，設定慢速 3 分鐘，轉中速 2 分鐘，
　　之後放入奶油，再設定慢速 2 分鐘，快速 4~6 分鐘（每台機器不同，重點是要打出薄膜），
　　之後放到室溫 28℃處發酵 60 分鐘。

2　取出麵糰，分割成 8 等份，排氣滾圓，休息 10 分鐘。

3　取一個麵糰擀成三角形的形狀 ❶，包入 8g 的白巧克力 ❷，從上方二分一處直向黏緊 ❸，
　　之後再將下方橫向捏起來 ❹，收口捏緊，這樣才能呈現出三角形的樣子 ❺。

4　將麵糰翻過來，收口朝下。放置於溫度 35℃左右處發酵 50 分鐘 ❻。發酵好之後噴水，
　　蓋上保鮮膜，直接放入冷凍庫。

5　隔天早上起來→烤箱預熱 200℃→將麵糰取出來放在烤盤上（室溫中回溫）。待烤箱溫
　　度到了，馬上就可以烤。

6　用烘焙紙遮住麵包部分面積，撒上高筋麵粉，變化出一點點特別的造型 ❼❽。

7　預熱完成後，放入烤箱烘烤 13~14 分鐘，待麵包上色之後，就完成囉！

PART
3

簡易
法國麵包

冷凍麵糰建議
3天內要烤完喔！

法國麵包

如果一早醒來，就能享受酥脆又帶著麥香味的法國麵包，是多麼幸福的事情啊！法國麵包的製作程序跟一般台式麵包很不一樣，請大家多給自己一些時間，多做幾次，就會慢慢進步的。

材料（8個／73g）

麵糰

法國麵包粉	250g
水	170g
砂糖	10g
低糖酵母	2g
鹽巴	5g
奶油	5g

作法

1 放入所有麵糰材料，麵包機啟動【烏龍麵糰】模式（單純打麵糰）。

　如果是使用攪拌器，此份量對多數攪拌器來說都算少，建議做兩倍的份量會比較好打。
　攪拌器的使用方式為投入除了奶油之外的其他麵糰材料，設定慢速 3 分鐘，轉中速 2 分鐘，
　之後放入奶油，再設定慢速 2 分鐘，中速 5~7 分鐘（每一台機器不同，重點是要打出薄
　膜）。

2 取出麵糰，放到烤盤上 ❶，之後放到烤箱內室溫約 28℃處發酵 40 分鐘之後，拍平翻面
　（兩次摺三摺）❷ ～ ❹。

3 放上烤盤 ❺，再度發酵 30 分鐘。

4 分割成 8 等份，輕輕滾圓就好 ❻❼，之後醒 20 分鐘。

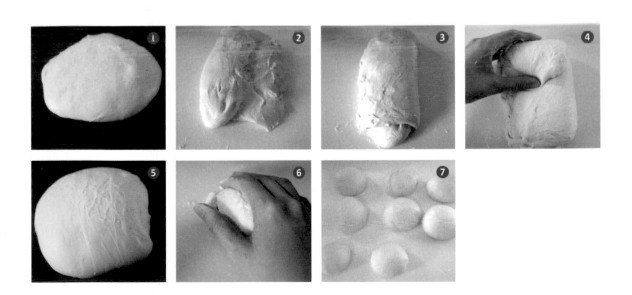

5　將麵糰拍平，兩側往中間摺 8 9 10，之後再黏合 10，搓成約 15 公分的長條狀 11。

6　將長條型麵糰放到已經裁剪好的烘焙紙上，再移至發酵布上 12。

7　二次發酵約 50~60 分鐘，噴水 13 撒粉，割上紋路 14 15，輕輕蓋上保鮮膜，放入冷凍庫。

8　隔天早上，烤箱預熱 230℃，取出麵包，烤箱預熱完成後即可放入烤箱。

9　入烤箱的時候，對著烤箱噴水 4~5 次，烤約 20 分鐘即可。

> **TIPS**
> - 麵糰很黏屬於正常現象，手上可以沾些手粉或是沾水，以方便整形。
> - 製作法國麵包，烘焙發酵布是必備工具喔。

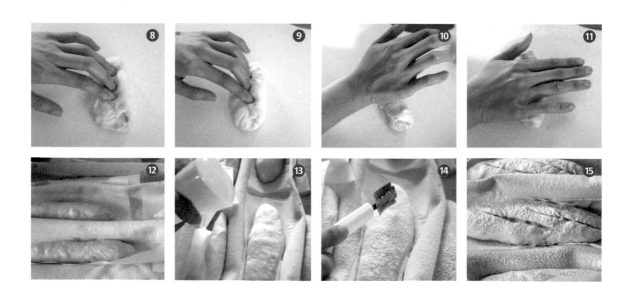

冷凍麵糰建議
3天內要烤完喔!

海鹽法國麵包

法國麵包的質地香脆,在咀嚼間能感受到豐富的層次,加入了海鹽的法國麵包,可以身為主角,也能搭配任何食材,是進可攻、退可守的早餐單品。

材料（6個／60g）

麵糰

法國麵包粉	200g
冰水	140g
砂糖	8g
低糖酵母	2g
鹽巴	4g
奶油	5g

1　放入所有麵糰材料，麵包機啟動【烏龍麵糰】模式（單純打麵糰）。

　　如果是使用攪拌器，此份量對多數攪拌器來説都算少，建議做兩倍的份量會比較好打。
　　攪拌器的使用方式為投入除了奶油之外的其他麵糰材料，設定慢速 3 分鐘，轉中速 2 分鐘，之後
　　放入奶油，再設定慢速 2 分鐘，中速 5~7 分鐘（每一台機器不同，重點是要打出薄膜）。

2　取出麵糰，放到烤盤上 ❶，之後放到烤箱內發酵 40 分鐘，之後拍平翻面（兩次摺三折）❷～❹。

3　放上烤盤 ❺，再度發酵 30 分鐘。

4　分割成 6 等份，輕輕滾圓就好 ❻，但底部還是要收緊喔。

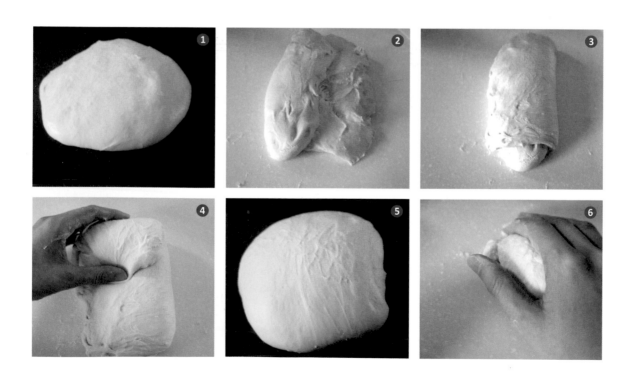

5　將麵糰放到已經裁剪好的烘焙紙上 ❼，再移至發酵布上 ❽。

6　進行二次發酵約 50~60 分鐘 ❾，割上紋路 ❿，輕輕蓋上保鮮膜，放入冷凍庫。

7　隔天早上，烤箱預熱 230℃，取出麵包，在切口上塗上一層橄欖油 ⓫，撒上一點點海鹽 ⓬，烤箱預熱好，即可放入烤箱。

8　入烤箱的時候，對著烤箱噴水 4~5 次，烤約 20 分鐘即可。

TIPS

• 麵糰很黏屬於正常現象，手上可以沾些手粉或是沾水，以方便整形。
• 製作法國麵包，烘焙發酵布是必備工具喔。

冷凍麵糰建議
3天內要烤完喔！

巧克力法國麵包

這是一款沒有用到糖的麵包，很難想像這樣完全無糖的麵糰，我家的孩子仍可以吃得不亦樂乎，可見有多美味了啊！

材料（6個／66g）

麵糰

法國麵包粉	185g
無糖可可粉	15g
水	145g
低糖酵母	2g
鹽巴	4g
奶油	5g

配料

耐烤巧克力豆	40g

作法

1 放入所有麵糰材料，麵包機啟動【烏龍麵糰】模式（單純打麵糰），結束之後投入巧克力豆，再度啟動【烏龍麵糰】模式，攪打 3~5 分鐘即可。

　🥖 如果是使用攪拌器，此份量對多數攪拌器來說都算少，建議做兩倍的份量會比較好打。
　攪拌器的使用方式為投入除了奶油之外的其他麵糰材料，設定慢速 3 分鐘，轉中速 2 分鐘，之後放入奶油，再設定慢速 2 分鐘，中速 5~7 分鐘（每一台機器不同，重點是要打出薄膜）。然後投入巧克力，慢速 2 分鐘，讓巧克力均勻分佈即可。

2 取出麵糰，放到烤盤上，之後放到烤箱內發酵 40 分鐘之後，拍平翻面（兩次摺三折）❶～❺。

3 放上烤盤 ❻，再度發酵 30 分鐘。

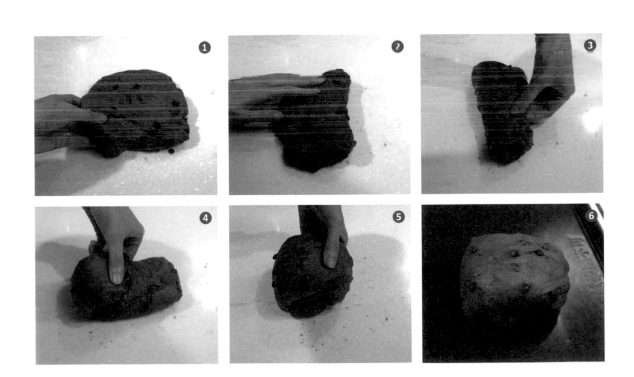

5　分割成 6 等份，輕輕滾圓就好 ❼，之後醒 20 分鐘。

6　將麵糰拍平 ❽，兩側往中間摺 ❾ ❿，之後再黏合 ⓫，搓成約 18 公分的長條狀 ⓬。

7　將長條形麵糰放到已經裁剪好的烘焙紙上，再移至發酵布上 ⓭。

8　進行二次發酵約 50~60 分鐘，割上紋路 ⓮，輕輕蓋上保鮮膜，放入冷凍庫。

9　隔天早上，烤箱預熱 230℃，取出麵包，烤箱預熱好即可入烤箱。

10　入烤箱的時候，對著烤箱噴水 4~5 次，烤約 20 分鐘即可。

> **TIPS**
> - 巧克力法國比原味法國麵包容易上手，建議可以先從此款練習起。
> - 製作法國麵包，烘焙發酵布為必備工具，請事先準備好。
> - 如果要讓麵包裂紋更漂亮，不妨在烘烤前，在割線處抹上一層薄薄的食用油。

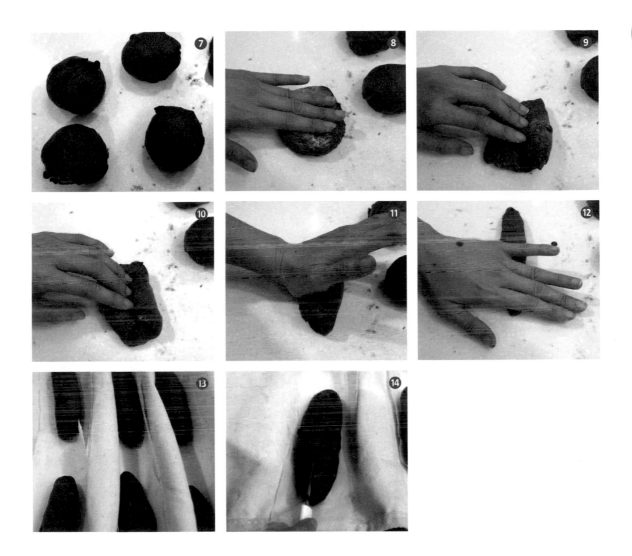

培根麥穗麵包

法國麵包成功上手後，一定會忍不住想在其中加點配料，培根麥穗便是很適合的嘗試。這款麵包不單有著可愛的造型，味道更是一絕，烤到香酥的培根和剛好一口掰開的麥穗，搭配上芥末籽醬，超級合拍！

材料（7個／50g）

麵糰

法國麵包粉	200g	酵母	2g
冰水	125g	鹽巴	3g
砂糖	10g	橄欖油	10g

餡料

培根	7 片
芥末籽醬	適量

裝飾

高筋麵粉	適量

作法

1　放入所有麵糰材料，麵包機啟動【麵包麵糰】模式（包含揉麵＋一次發酵 60 分鐘）。

　　🥖 如果是使用攪拌器，此份量對多數攪拌器來說都算少，建議做兩倍的份量會比較好打。
　　攪拌器的使用方式為投入所有麵糰材料，設定慢速 3 分鐘，轉中速 5~7 分鐘（每一台機器不同，重點是要打出薄膜），然後放到室溫 28℃ 處發酵 60 分鐘。

2　取出麵糰，分割成 7 等份 ❶，排氣滾圓，靜置 10 分鐘。

3　擀成與培根一樣長的長方形（約 25x8 公分），鋪上培根，抹上芥末籽醬 ❷，包起來 ❸ 並將收口處黏好 ❹。

4　放置於溫度 35℃ 左右處，發酵 30 分鐘 ❺。

5　發酵好之後，噴點水，撒上麵粉 ❻，用剪刀斜斜地剪 ❼，一左一右的擺放好 ❽，輕輕蓋上保鮮膜，直接放入冷凍庫 ❾。

6　隔天早上起來→烤箱預熱 230℃→將麵糰取出來放在烤盤上（室溫中回溫），待烤箱溫度到了，馬上就可以烤。

7　預熱完成後，放入烤箱烘烤 14~15 分鐘，待麵包上色之後就完成囉！

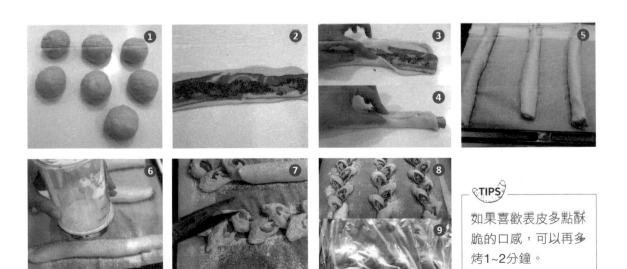

TIPS

如果喜歡表皮多點酥脆的口感，可以再多烤1~2分鐘。

PART
4

懷舊復古
好滋味

冷凍麵糰建議
3 天內要烤完喔！

原味烙餅

烙餅的口味較淡，可以享受到麵粉
的原味與香氣，仔細咀嚼還能吃出
淡淡的甜味。早上起床，只要使用
平底鍋來煎烤，便能吃到熱騰騰的
手作烙餅了，無論是拿來配蔥蛋或
肉片都很適合的百搭款。

材料（8 個／ 65g）

麵糰

中筋麵粉	300g
冰水	180g
砂糖	20g
酵母	3g
鹽巴	3g
橄欖油	20g

作法

1 放入所有麵糰材料，麵包機啟動【麵包麵糰】模式（包含揉麵＋一次發酵 60 分鐘）。

> 🥖 如果是使用攪拌器，此份量對多數攪拌器來說都算少，建議做兩倍的份量會比較好打。
> 攪拌器的使用方式為投入所有麵糰的材料，設定慢速 3~4 分鐘，中速 3~4 分鐘（每一台機器不同，重點是要打到光滑），然後放到室溫 28℃ 處發酵 60 分鐘。

2 取出麵糰，分割成 8 等份滾圓，休息 10 分鐘 ❶。

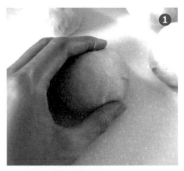

3 麵糰拍平，用擀麵棍擀成橢圓形 ❷。

4 用保鮮膜將每個麵糰一一隔開 ❸，之後直接放入冷凍庫。

5 隔天早上起來→預熱鍋子→將麵糰取出來（鍋熱了，馬上就可以煎，不用等到解凍）。

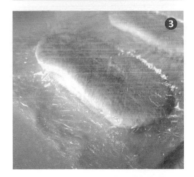

6 中小火煎 4~5 分鐘，翻面再煎 2~3 分鐘，待雙面都上色之後 ❹，壓一壓感覺到有彈性就可以了！

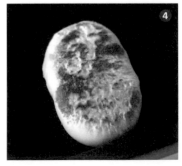

冷凍麵糰建議
3天內要烤完喔！

地瓜烙餅

如果覺得單吃烙餅，口味有點單調，不
妨試試這款夾入香甜地瓜餡料的地瓜烙
餅，在秋冬的早晨享用，特別的溫暖。

材料（10個／52g）

麵糰

中筋麵粉	300g	酵母	3g
冰水	180g	鹽巴	3g
砂糖	20g	橄欖油	20g

餡料

奶油地瓜餡（請參考 P.032）.......... 一份約 300g

裝飾

黑芝麻.. 適量

作法

1　放入所有麵糰材料，將所有麵糰材料麵包機啟動【麵包麵糰】模式（包含揉麵＋一次發酵 60 分鐘）。

　🥖　如果是使用攪拌器，此份量對多數攪拌器來說都算少，建議做兩倍的份量會比較好打。攪拌器的使用方式為投入所有麵糰材料，設定慢速 3~4 分鐘，中速 3~4 分鐘（每一台機器不同，重點是要打到光滑），然後放到室溫 28℃ 處，發酵 60 分鐘。

2　取出麵糰，分割成 10 等份滾圓，靜置 10 分鐘 ❶。

3　麵糰拍平 ❷，放入 30g 地瓜餡，包起來 ❸❹。

4　輕壓麵糰，用擀麵棍擀成橢圓形 ❺。

5　放上一點黑芝麻，用保鮮膜將每個麵糰隔開 ❻ 之後，直接放入冷凍庫。

6　隔天早上起來→預熱鍋子→將麵糰取出來（鍋熱了，馬上就可以煎，無需解凍）。

7　以平底鍋中小火煎 4~5 分鐘 ❼，翻面再煎 2~3 分鐘，雙面皆上色之後 ❽，壓一壓，感覺到有彈性就可以了。

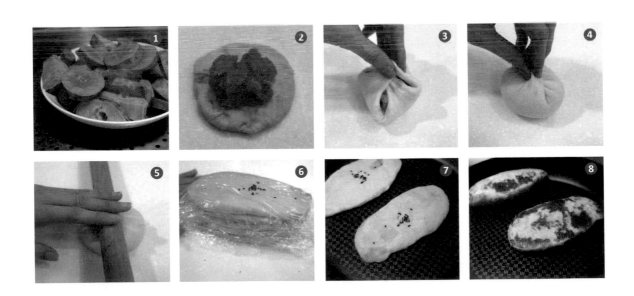

冷凍麵糰建議
3天內要烤完喔！

千層蔥大餅

蓬鬆好吃的蔥餅，是台式麵粉控的最愛！多次
折疊而成的層次，滿滿的蔥香，現煎香香酥酥
的口感，真是一大早最棒的享受了。

冷凍麵糰建議
3天內要烤完喔！

迷你香爆蔥燒餅

我家的小孩愛吃蔥麵包，但就怕一下子做太大個，容易吃不完，所以改良出迷你版的蔥燒餅。蔥燒餅使用的也是發酵麵糰，但比起麵包所需的發酵時間減短許多，製作起來省時又美味。

千層蔥大餅

麵糰

中筋麵粉...................................250g
水...150g
砂糖...15g
油...15g
酵母..2.5g
鹽巴..2g

餡料

蔥花 100g
鹽巴..2g
白胡椒粉 ....適量

內餡油

香油 8g
沙拉油......................................10g

裝飾

白芝麻....................................適量

作法

1　放入所有麵糰材料，麵包機啟動【麵包麵糰】模式（包含揉麵＋一次發酵 40 分鐘）。

　　🥖 如果是使用攪拌器，此份量對多數攪拌器來說都算少，建議做兩倍的份量會比較好打。
　　攪拌器的使用方式為投入所有麵糰材料，設定慢速 3~4 分鐘，中速 5~7 分鐘（每一台機器不同，
　　重點是要打到光滑），之後放到室溫 28℃處發酵 40 分鐘。

2　取出麵糰，分成兩等份，拍平再度滾圓 ❶，靜置 10 分鐘。

3　麵糰擀成直徑 30 公分的圓形 ❷，抹上內餡的油 ❸，撒上蔥花、鹽巴以及白胡椒粉 ❹，捲起
　　來 ❺❻。

4　再捲成蝸牛狀 ❼，之後壓平 ❽，撒上手粉後擀成 25 公分的圓形 ❾。

5　在表面噴點水，撒上白芝麻 ❿，取一個適當大小的塑膠袋，裡面抹一點油，把麵糰放進去 ⓫。

6　放置於室溫中進行二次發酵，約 20~30 分鐘（如果沒時間也可省略），然後放入冷凍庫。

7　隔天早上起來→預熱鍋子→將麵糰取出來（鍋熱了，馬上就可以煎，無需等解凍）。

8　中小火煎 3 分鐘，噴點水蓋上鍋蓋，翻面再煎至 3 分鐘上色之後，之後兩面再各煎 2 分鐘左右 ⑫，壓一壓，感覺到有彈性就可以了！

迷你香爆蔥燒餅

材料（16 個）

麵糰

中筋麵粉 200g

冰水 120g

砂糖 12g

酵母 2g

鹽巴 2g

橄欖油 10g

餡料

蔥花...100g

砂糖...5g

鹽巴...2g

橄欖油...20g

裝飾

白芝麻.....................................適量

作法

1　放入所有麵糰材料，所有麵糰材料麵包機啟動【麵包麵糰】模式（包含揉麵＋一次發酵 60 分鐘）。

🥖　如果是使用攪拌器，此份量對多數攪拌器來說都算少，建議做兩倍的份量會比較好打。
攪拌器的使用方式為投入所有麵糰材料，設定慢速 3~4 分鐘，中速 5~7 分鐘（每一台機器不同，重點是要打到光滑），然後放到室溫 28℃處，發酵 60 分鐘。

2　取出麵糰，分割成兩等份，排氣滾圓 ❶，靜置 10 分鐘。

3　趁空檔，將所有蔥花餡料都攪拌均勻 ❷。

4　將麵糰擀成 15x25 公分的長方形 ❸，鋪上蔥花餡料 ❹，捲起來 ❺。

5　每一捲切割成 8 等份 ❻，鋪上白芝麻 ❼，放到溫度約 35℃處發酵 30 分鐘。

6 噴水後蓋上保鮮膜 ❽，直接放入冷凍庫。

7 隔天早上起來→烤箱預熱 210℃→將麵糰取出來放在烤盤上（室溫中回溫）❾，去掉保鮮膜，待烤箱溫度到了，馬上就可以烤。

8 預熱完成後，放入烤箱烘烤 14~15 分鐘，待麵包上色之後即完成。

冷凍麵糰建議
3天內要烤完喔！

黑糖紅豆小布利

早晨可以吃到現烤的小布利，真的好幸福啊！
因為現烤才能吃得到底部的酥脆，酥酥的多層
次口感，搭配黑糖和溫熱的紅豆香氣，非常非
常美味！

材料（10個）

麵糰

高筋麵粉	100g
低筋麵粉	100g
雞蛋	33g
水	65g
黑糖	25g
酵母	2g

鹽巴	2g
奶油	23g

餡料

紅豆餡	適量

裝飾

蛋液	適量
黑芝麻	適量
無水奶油	適量

作法

1　放入所有麵糰材料，麵包機啟動【揉麵】或【烏龍麵糰】。選擇行程→揉麵約20分鐘。

🍞 如果是使用攪拌器，此份量對多數攪拌器來說都算少，建議做兩倍的份量會比較好打。攪拌器的使用方式為：除了奶油以外，放入所有麵糰材料，設定慢速3分鐘，轉中速2分鐘後投入奶油設定慢速2分鐘，中速5~7分鐘（每一台機器不同，重點是要打到光滑）。

2　取出麵糰，收圓休息5分鐘。分割成10等份，排氣滾圓，靜置10分鐘 ❶。

3　依序搓成水滴狀 ❷，將10個都完成 ❸。

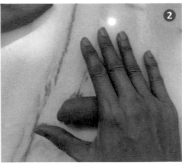

4　取第一個稍微搓長一點，擀平成水滴狀，放上適量的紅豆餡 ❹ 捲起來 ❺。

5　放到烤盤上 ❻，置於溫度 35~40℃左右處，發酵 30~40 分鐘 ❼。麵糰表面噴點水，直接放入冷凍庫保存。

6　隔天早上起來→烤箱預熱 190℃→將麵糰從冷凍庫取出（室溫中回溫），去掉保鮮膜，待烤箱溫度到了，馬上可以烤。

7　塗上蛋液 ❽，撒上適量黑芝麻。烘烤前，麵糰旁邊放上適量的無水奶油 ❾。

8　預熱完成後，烘烤 16~17 分鐘，第 12 分鐘的時候可將麵糰取出，塗上融化的無水奶油 ❿，再繼續烘烤。

9　出爐後，麵包表面上可以再補上一點點無水奶油（可忽略），即完成。

TIPS

若手邊沒有無水奶油，就請忽略有關無水奶油的步驟。

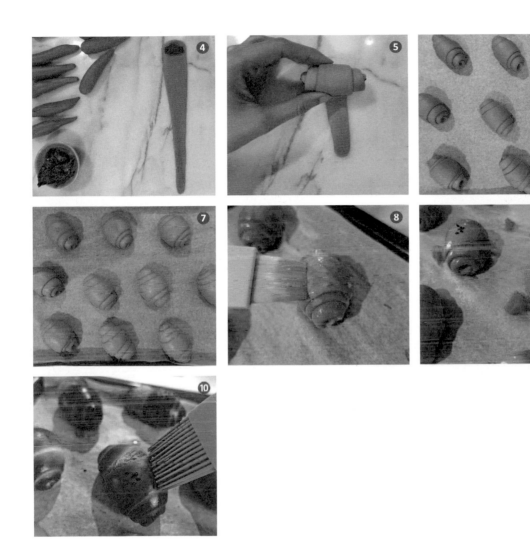

PART
5

健康養生的
堅果麵包

冷凍麵糰建議
3天內要烤完喔！

地瓜黑芝麻餐包

這款麵包的特色是吃起來很柔軟，地瓜餡也也滑順不甜膩，非常好入口，再加上畫龍點睛的黑芝麻香氣。早上起床來上一份，真的好滿足啊！

材料（10個／51g）

麵糰

高筋麵粉	250g	奶油	15g
蒸熟地瓜	120g	酵母	3g
水	110g	鹽巴	2g
砂糖	15g		

投料

黑芝麻 25g

5

作法

1 放入所有麵糰材料，麵包機啟動【麵包麵糰】模式（包含揉麵＋一次發酵 60 分鐘），並且設定投料。

　🍞 如果是使用攪拌器，此份量對多數攪拌器來説都算少，建議做兩倍的份量會比較好打。攪拌器的使用方式為投入除了奶油及黑芝麻外的其他麵糰材料，設定慢速 3 分鐘，轉中速 2 分鐘後放入奶油，再設定慢速 2 分鐘，中速 5~7 分鐘（每一台機器不同，重點是要打出薄膜），放入黑芝麻之後再慢速攪 2 分鐘。然後放到室溫 28℃處，發酵 60 分鐘。

2 取出麵糰，分割成 10 等份，排氣滾圓，靜置 10 分鐘 ❶。

3 將麵糰擀平 ❷ 之後捲起來 ❸。

4 放置於溫度 35℃左右處 ❹，發酵 60 分鐘。

5 發酵好之用刀子劃出一條線 ❺，蓋上保鮮膜，直接放入冷凍庫。

6 隔天早上起來→烤箱預熱 200℃→將麵糰取出來放在烤盤上（室溫中回溫）❻，去掉保鮮膜，待烤箱溫度到了，馬上就可以烤。

7 烤箱預熱 200℃後，放入烤箱烘烤 11~12 分鐘，待麵包上色之後就完成囉！

冷凍麵糰建議
3天內要烤完喔！

全麥核桃麵包

這款麵包有著最單純的麵粉香氣，完全
無添加奶、蛋，屬於低糖的配方。吃起
來的口感 Q 軟而又具有嚼勁，搭配上
核桃，既養生且美味。

材料（10個／51g）

麵糰

高筋麵粉	170g	酵母	2.5g
水	165g	鹽巴	3g
砂糖	18g	橄欖油	15g
全麥粉（洽發第三代全麥）			80g

投料

核桃碎	60g

作法

1　放入所有麵糰材料，麵包機啟動【麵包麵糰】模式，設定投料（包含揉麵＋一次發酵 60
　　分鐘）。

> 🥖 如果是使用攪拌器，此份量對多數攪拌器來說都算少，建議做兩倍的份量會比較好打。
> 攪拌器的使用方式為投入所有的麵糰材料，設定慢速 3 分鐘，轉中速 5~7 分鐘（每一台
> 機器不同，重點是要打出薄膜），之後投入核桃慢速攪拌 2~3 分鐘。然後放到室溫 28℃處，
> 發酵 60 分鐘。

2　取出麵糰，分割成 10 等份 ❶，排氣滾圓，靜置 10 分鐘。

3　將麵糰擀成橢圓形 ❷，翻過來捲起來 ❸，收口捏緊 ❹。

4　放置於溫度 35℃左右處 ❺，發酵 50 分鐘。

5　發酵好之後噴水 ❻，撒上高筋麵粉（份量外），用麵包刀劃出兩條線 ❼❽。蓋上保鮮膜，
　　直接放入冷凍庫。

6　隔天早上起來→烤箱預熱 200℃→將麵糰取出來放在烤盤上（室溫中回溫），待烤箱溫
　　度到了，馬上就可以烤。

7　預熱完成後，放入烤箱烘烤 13~14 分鐘，待麵包上色之後即可取出。

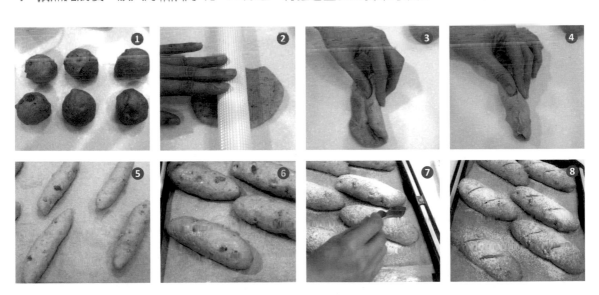

冷凍麵糰建議
3天內要烤完喔！

黑糖葡萄
乾葵花籽麵包

微微的黑糖香氣，加上香甜的葡萄乾，每一口咬下更吃得到脆口的葵花籽，果然堅果類能讓口感的更具層次感，在兼具口感的同時，也多添了健康。

材料（8個／51g）

麵糰

高筋麵粉	200g	酵母	2g
冰水	125g	奶油	20g
黑糖	25g	鹽巴	2g

投料

葡萄乾 40g

裝飾

葵花籽 .... 適量

作法

1　放入所有麵糰材料，麵包機啟動【麵包麵糰】模式，設定投料（包含揉麵＋一次發酵 60 分鐘）。

> 🥖 如果是使用攪拌器，此份量對多數攪拌器來說都算少，建議做兩倍的份量會比較好打。
> 攪拌器的使用方式為投入除了奶油之外的其他麵糰材料，設定慢速 3 分鐘，轉中速 2 分鐘，之後放入奶油，再設定慢速 2 分鐘，中速 5~7 分鐘（每一台機器不同，重點是要打出薄膜），放入葡萄乾攪拌至均勻即可。然後放到室溫 28℃處，發酵 60 分鐘。

2　分割成 8 等份，一一滾圓 ❶，表面塗上一層薄薄的水，好沾附葵花籽 ❷。

3　將麵糰放置在室溫 30℃左右處 ❸，進行二次發酵，約 50~60 分鐘 ❹。

4　噴水，蓋上保鮮膜，放入冷凍庫。

5　隔天早上起來→烤箱預熱 200℃→將麵糰取出來放在烤盤上（室溫中回溫），待烤箱溫度到了，馬上就可以烤。

6　預熱完成後，放入烤箱烘烤 13 分鐘，待麵包上色之後就完成囉！

冷凍麵糰建議
3天內要烤完喔！

蘋果核桃麵包

這個配方因為多了蘋果丁，水分特別難拿捏，請務必按照配方比例來進行操作。但也因為使用了新鮮水果丁，蘋果天然的酸味與脆度完全保留在麵包中，忍不住一口接一口，真是好吃。

材料（7個／58g）

麵糰

高筋麵粉	180g
低筋麵粉	20g
蘋果丁	60g
冰水	70g
砂糖	20g
酵母	2g
鹽巴	2g
奶油	15g

投料

核桃碎	40g

作法

1　放入所有麵糰材料，麵包機啟動【麵包麵糰】模式，並設定投料（包含揉麵＋一次發酵60分鐘）。

> 　如果是使用攪拌器，此份量對多數攪拌器來說都算少，建議做兩倍的份量會比較好打。攪拌器的使用方式為投入所有麵糰材料，設定慢速3分鐘，中速5~7分鐘（每一台機器不同，重點是要打到光滑），之後放入核桃攪拌到均勻即可。然後放置在室溫28℃處，發酵60分鐘。

2　取出麵糰，分割成7等份 ❶，排氣滾圓後靜置10分鐘。

3　將麵糰擀成橢圓形 ❷，之後再捲起來 ❸，並將收口捏緊。

4　放置於溫度35℃左右處 ❹ 發酵50分鐘。

5　發酵好之後 ❺，用剪刀剪出紋路 ❻（剪刀噴濕會更好剪），輕輕蓋上保鮮膜 ❼，直接放入冷凍庫。

6　隔天早上起來→烤箱預熱200℃→將麵糰取出來放在烤盤上（室溫中回溫），去掉保鮮膜，待烤箱溫度到了，馬上就可以烤。

7　預熱完成，放入烤箱烘烤12~13分鐘，待麵包上色之後就完成囉！

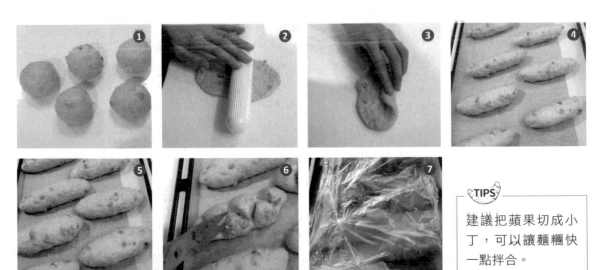

TIPS

建議把蘋果切成小丁，可以讓麵糰快一點拌合。

冷凍麵糰建議
3天內要烤完喔！

燕麥小餐包

添加高纖的燕麥在麵糰裡，讓麵包香氣更加豐富，並增添了許多纖維質，對追求健康養生的人來說是很棒的選擇。燕麥餐包也十分百搭，抹上果醬或是搭配火腿、生菜，就變成很好吃的漢堡。

材料（8個）

燕麥糊
即食燕麥	30g
鮮奶或豆漿	100g

麵糰
燕麥糊	全部
高筋麵粉	200g
水	95g
砂糖	20g
酵母	2g
鹽巴	2g
奶油	15g

裝飾
豆漿	適量
即食燕麥	適量

作法

1 將鮮奶或豆漿加熱後，跟燕麥均勻攪拌成燕麥糊，靜置 30 分鐘，涼了之後才可以加入麵糰 ❶。

2 放入所有麵糰材料，麵包機啟動【麵包麵糰】模式（包含揉麵＋一次發酵 60 分鐘）。

　🥖 如果是使用攪拌器，此份量對多數攪拌器來說都算少，建議做兩倍的份量會比較好打。攪拌器的使用方式為：除了奶油以外，放入所有麵糰材料，設定慢速 3 分鐘，轉中速 2 分鐘後投入奶油設定慢速 2 分鐘，中速 5~7 分鐘（每一台機器不同，重點是要打出薄膜）。然後放置在室溫 28℃處，發酵 60 分鐘。

3 取出麵糰，分割成 8 等份 ❷，排氣滾圓，靜置 10 分鐘 ❸。

4 放到已經鋪好烘焙紙的烤盤上 ❹，置於室溫 35℃左右處，發酵 50 分鐘。

5 發酵好之後，噴水蓋上保鮮膜 ❺，直接放入冷凍庫。

6 隔天早上起來→烤箱預熱 210℃→將麵糰取出來放在烤盤上（室溫中回溫），去掉保鮮膜 ❻，待烤箱溫度到了，馬上就可以烤。

7 糰表面塗上適量豆漿，放上適量的即食燕麥 ❼，預熱完成後，烘烤 13 分鐘即完成。

辣媽Shania的快速晨烤麵包
〔暢銷增章版〕

作　　者｜辣媽Shania

責任編輯｜楊玲宜 Erin Yang
責任行銷｜鄧雅云 Elsa Deng
封面裝幀｜李涵硯 Han Yen Li
版面構成｜譚思敏 Emma Tan
校　　對｜許芳菁 Carolyn Hsu
封面攝影｜頡斯視覺創意
梳　　化｜張容甄 Diva Chang

發 行 人｜林隆奮 Frank Lin
社　　長｜蘇國林 Green Su

總 編 輯｜葉怡慧 Carol Yeh
主　　編｜鄭世佳 Josephine Cheng
行銷主任｜朱韻淑 Vina Ju
業務處長｜吳宗庭 Tim Wu
業務主任｜蘇倍生 Benson Su
業務專員｜鍾依娟 Irina Chung
業務秘書｜陳曉琪 Angel Chen・莊皓雯 Gia Chuang

發行公司｜悅知文化 精誠資訊股份有限公司
地　　址｜105 台北市松山區復興北路99號12樓
專　　線｜(02) 2719-8811
傳　　真｜(02) 2719-7980
網　　址｜http://www.delightpress.com.tw
客服信箱｜cs@delightpress.com.tw
ISBN｜978-986-510-274-6
三版一刷｜2023年6月
建議售價｜新台幣420元

國家圖書館出版品預行編目資料

辣媽Shania的快速晨烤麵包 / 辣媽Shania著. -- 三版. -- 臺北市 : 悅知文化 精誠資訊股份有限公司, 2023.06
　　面；　公分
ISBN 978-986-510-274-6 (平裝)
1.CST: 點心食譜 2.CST: 麵包

427.16　　　　　　　　　　　　　112006971

本書若有缺頁、破損或裝訂錯誤，請寄回更換
Printed in Taiwan

線上讀者問卷 TAKE OUR ONLINE READER SURVEY

充滿彈性的時間管理，
讓準備早餐更沒壓力。

——————《辣媽Shania的快速晨烤麵包》

請拿出手機掃描以下QRcode或輸入
以下網址，即可連結讀者問卷。
關於這本書的任何閱讀心得或建議，
歡迎與我們分享 ☺

https://bit.ly/3ioQ55B

烘焙最佳神隊友

大螢幕計時器-199分50秒

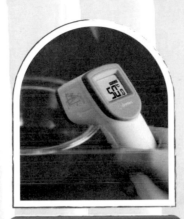

手持型紅外線料理溫度計

速量型電子秤 3kg/0.1g

軽くて扱いやすい！

ふんわり生クリームができる～

手持型雙頭電動攪拌機-300W

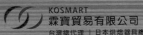
KOSMART
霖寶貿易有限公司
台灣總代理｜日本烘焙器具總合商

http://www.kosmart.com.tw/
http://www.dretec.com.tw/
https://issuu.com/kosmart0

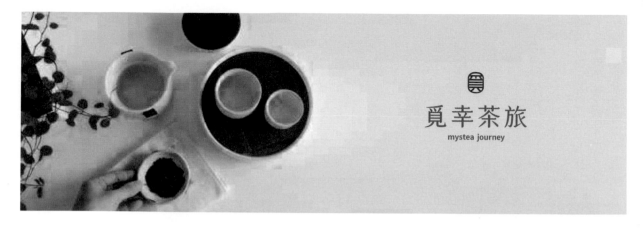

覓幸茶旅
mystea journey

覓幸概念
啜一口茶香,覓一份幸福。

覓幸茶旅 Mystea Journey，Mystea 意指讓人舒適放鬆的茶,其源自瑞典語 「Mysig」 一詞,是舒適放鬆的氛圍與日常可觸及的幸福療癒感。

覓幸茶旅走訪台灣山林、探尋優質的友善大地茶園,透過自然農法與有機栽種,讓茶與環境與人,能夠維持自然地舒適與平衡,飲茶時同時喝下溫暖的幸福感與能量。

單品茶品
自然農法手工摘採的台灣好茶

覓幸探訪台灣各地、選擇自然農法與有機種植的茶區,過程中不使用農藥與化肥,無毒無汙染,每片茶葉都是被友善大地、崇尚自然栽種的茶農悉心照顧生長,一起在乎腳下的土地、讓喝進的每口茶都蘊含著大自然的力量與風貌。每款單品茶皆是精選的台灣好茶,茶香優雅深厚、各有獨特魅力與特色。

原葉茶粉
低溫研磨的無毒台灣茶粉

原葉茶粉精選自然農法栽種的高品質茶葉,茶葉本身便是無毒無農藥,使用起來也更加安心,選擇低溫研磨、保留茶葉香氣,將台灣在地好茶磨成細緻的茶粉,雖然成本極高,但風味與香氣是一般即溶茶粉無法相比的。原葉茶粉有著細緻的粉末,更容易釋放風味與茶色,有著濃郁的茶味,非常適合喜歡明顯茶味的人,獨特台灣茶風味、清香回甘。

掃描QR Code造訪覓幸茶旅網站
www.mysteajourney.com

加入會員立即獲得100元購物金